成长加油站

做最好的自己

李　奎　方士华　编著

民主与建设出版社

·北京·

© 民主与建设出版社，2020

图书在版编目（ＣＩＰ）数据

做最好的自己 / 李奎，方士华编著 . -- 北京 : 民
主与建设出版社，2019.11

（成长加油站）

ISBN 978-7-5139-2424-5

Ⅰ . ①做… Ⅱ . ①李… ②方… Ⅲ . ①成功心理－青
少年读物 Ⅳ . ① B848.4-49

中国版本图书馆 CIP 数据核字 (2019) 第 269575 号

做最好的自己
ZUO ZUI HAO DE ZI JI

出 版 人	李声笑	
编　著	李　奎　方士华	
责任编辑	刘树民	
封面设计	大华文苑	
出版发行	民主与建设出版社有限责任公司	
电　话	（010）59417747 59419778	
社　址	北京市海淀区西三环中路 10 号望海楼 E 座 7 层	
邮　编	100142	
印　刷	三河市德利印刷有限公司	
版　次	2020 年 6 月第 1 版	
印　次	2020 年 6 月第 1 次印刷	
开　本	880 毫米 ×1230 毫米　　1/32	
印　张	30	
字　数	650 千字	
书　号	ISBN 978-7-5139-2424-5	
定　价	238.00 元（全 10 册）	

注：如有印、装质量问题，请与出版社联系。

　　青少年是祖国的未来，是中华民族的希望。中国的未来属于青少年，中华民族的未来也属于青少年。青少年的理想信念、精神状态、综合素质，是一个国家发展活力的重要体现，也是一个国家核心竞争力的重要因素。

　　随着年龄的增长，青少年开始认识世界，学习各科知识，在这个过程中，他们逐渐熟悉了社会，了解了民风民俗，懂得了道德法律，具备了起码的生存技巧、劳动技能，掌握了一定的科学知识、探索方法，对大自然、对人生也有了一定的看法。

　　这一时期，他们渴望独立的愿望日益变得强烈，与家庭的联系逐渐疏远，对父母的权威产生怀疑，甚至发生反抗行为。他们要摆脱家长和其他成人的监护，摆脱由这些成年人规定的各种形式的束缚。

　　他们对自己充满自信，看不起身边的许多事情，但随着接触社会的增多，他们会逐渐了解到个人只不过是这个大自然中的一部分，个人与他人、社会、自然之间存在着十分复杂的关系，在很多事情面前，个人的能力和作用都是有限的，是要受到制约的。

　　由于一开始过高地估计了自己的能力，致使他们的很多愿望难以实现，由此他们又产生了自危、自惭、自卑、自惑等不良心态，在这种情绪的影响下，有的青少年甚至走上自毁的道路。研究表明，青春期的青少年是最容易激发起斗志的，他们更容易从别人的成功中吸取适合自己的营养，指导他们的行动。

为了正确地引导青少年的成长，使他们培养正确的人生观和世界观，并合理地控制自己的情绪，我们特地编辑了本套"成长加油站"丛书，包括《爸妈不是我的佣人》《办法总比问题多》《再见坏习惯》《做最好的自己》《懒惰，请走开》《做个内心强大的孩子》《这样做人人都欢迎我》《学习是一件快乐的事》《为自己读书》《自己永远是最棒的》共十册书。

本套丛书从兴趣爱好、积极人生、情绪、心智等多个方面入手，分别讲述了如何培养孩子的美德、怎样提高孩子的情商、智商，怎样养成孩子的独立生活能力等诸多问题，旨在引导青少年对成功的渴望，使其发现自身的兴趣所在，快乐、健康地成长，为他们的成长加油！

目录

1

第一章　养成良好的学习习惯

学习最重要的不是考了多少分，而是知道应该怎么学，也就是培养、保持良好的学习习惯。良好的学习习惯也是优秀生学习好的秘诀。青少年朋友们，努力培养自己良好的学习习惯吧！这可是节省学习时间和提高学习效率的真正法宝！

制订有效的学习规划

对于我们青少年来说，"习惯"一词是老师、家长以及我们自己经常挂在嘴边的词语。事实也是如此，好习惯是我们所拥有的一笔隐形的财富，是我们健康成长的有力武器。

我们每个人都有梦想，都希望有一个幸福的人生。而要想拥有一个幸福的人生，最关键的因素就是要养成良好的习惯。习惯是行为的自动化，不需要特别努力，不需要别人监控。习惯一旦养成，就会成为支配我们行动的一种力量。

我们青少年正处在人生成长的关键阶段，在这个时期，培养良好的习惯会让我们受益一生。然而，不管培养什么习惯，无论是身心健康、道德修养方面，还是综合素质方面，都有赖于知识的滋养和润泽。因此，养成良好的习惯，首先就要从养成良好的学习习惯开始。

制订学习计划是培养良好学习习惯的第一步。对于我们青少年来说，有一个合理的学习计划，不但能提高我们的学习效率，还能在实施学习计划的过程中，磨炼我们的意志，提升我们的计划能力，而这种能力对我们的一生都有很大的益处。

所谓学习计划其实就是对时间进行科学的分配和使用，合理安排学习内容和活动。如果没有一个切实可行的学习计划，想到哪学到哪，东一榔头西一棒槌，像没头苍蝇一样，那么学习的效果自然也跟狗熊掰玉米一样，捡了这个，丢了那个。我们要如何制订一个有效的学习计划呢？下面我们一起看一看。

自我分析

虽然我们青少年每天都在学习，但是有很多同学从来没有想过自己是如何学习的。因此，制订学习计划前先要进行自我分析。这主要有两个方面：

一方面是仔细回顾一下自己的学习情况，找出自己的学习特点。因为我们每个人的学习特点都是不同的，有的同学记忆力较强，有的同学理解分析能力比较好，有的同学动手能力强……这样分析后，就可以针对自己的学习特点合理安排学习内容。

另一方面是分析自己的学习进度，明确自己的成绩在班级中的位置，看看是上等、中上等、中等还是中下等。与以前的成绩相比，检验自己的学习进度是快了还是慢了，成绩是进步了，还是退步了等。

突出重点

我们的学习时间是有限的，而学习内容是无限的，所以必须要有重点，同时还要兼顾一般。所谓重点，一是指自己学习中的弱科，二是指知识体系中的重点内容。

制订计划时，一定要考虑集中时间、集中精力攻下重点。也就是要根据自己的学习特点制订出对自己学习提升有益的方法和措施，对自己在学习上的"欠债"应心中有数。如数学成

记忆之星

绩较差，在时间上要多安排些在这科目上，这样才能保证达到目标。

一般来说，把需要背诵的东西放在头脑清醒、精力充沛的时间进行，把学习难度比较大的课程，放在情绪饱满、精力旺盛的时候进行。

合理安排

在安排计划时，既要考虑到学习，也要考虑到休息时间和活动时间，不要长时间地从事单一活动。

学习和体育、休闲活动要交替安排，掌握好玩与学习的度。安排科目时，文科、理科要交替安排。

另外，还要找出每天学习的最佳时间段，如早晨或晚上，或一天学习的开头和结尾的时间，在这个时间段，可以安排着重记忆的科目，如外语；心情比较愉快，注意力比较集中，时间较完整时，可以安排比较枯燥，或自己不太喜欢的科目；零星的、注意力不易集中的时间，可以安排做习题和学习自己最感兴趣的学科，这样可以提高时间利用率。

检查和调整

有了计划后，就要行动。若不按计划学习，那这个计划则是没用的。为了让精心制订的学习计划不落空，可对计划的实行情况定期检查。我们可以制作一个学习检查表，在什么时间完成了什么任务，处于什么程度等。

通过检查和反省，及时对学习计划进行调整和修改，当计划越做越周密，效果越来越好时，学习成绩自然就会越来越优异。当这一切形成良性循环后，看着所有事情都按计划运行，朝着自己预定的方向发展，就会有运筹帷幄的感觉。

学习计划要根据个人的情况而订，可以按每学期、每个月、每周、每天，甚至每堂课进行计划。只要自己习惯，保证学习效率就行。如果你的自控能力高，也可以只在头脑中简单勾画。总之，计划不在于形式，不是为了写着好看的，关键在于要合理、高效。

养成课前预习的习惯

一首好歌要有一个美妙的前奏曲，优秀的学生也会弹好课堂"前奏曲"，那就是课前预习。不要以为预习功课是可有可无的事情，预习是我们在学习过程中不可缺少的环节，是提高学习效率的一个重要习惯。正如一位优秀的学生所说："预习是合理的'抢跑'。一开始就'抢跑'领先，争取了主动，当然容易取胜。"

有的同学可能会说："我每天都有预习啊。"但是你的预习方法正确吗？有效果吗？实际上预习并不是将要讲的课程内容大略地看一遍就了事，而是需要按照严格的步骤和要求进行，这样才能有所收获。

预习要求

我们很多同学不是不预习，而是不知道如何有效地预习。在预习中，我们要注意这样几个问题。

一是选择好预习时间。通常来说，预习应安排在做完当天功课之后进行，根据剩余时间的多少来合理安排预习时间的长短。当然，预习也可以安排在其他课外时间里进行。在时间非常紧迫的情况下，利用上课前的几分钟把马上要讲的内容快速浏览一遍，也比一点不预习要好得多。

二是预习要适度。预习过粗会流于形式，达不到预习应有的目的；预习过细，以至于上课没什么要听的，会丧失对课上内容的好奇和兴趣，反而造成对知识一知半解。一般情况下，适度的预习应该是：重温相关知识，扫清听课障碍；大致了解新课的内容和思路；找出疑难问题和需要深入研究的问题。

三是预习要有重点。也就是对自己的弱势科目，或者是课内听课任务重、非要靠课前预习来辅助完成听课任务的科目，一定要安排预习。不要采用全面铺开的方式，毕竟我们的时间和精力是有限的，全面预习是不现实的。我们应根据学习计划可提供的实际时间来进行预习，对于自己擅长的学科可以不预习或者少预习。

四是要找出学习中的重点和疑点。在预习的时候，一定要把新课程内容的重点和疑点找出来，然后把重点和疑点带到课堂上去。课堂上，当老师讲到自己所找的重点和疑点时，一定要一边听，一边思考，找到老师讲解的思路。经过老师讲解之后，如果有些问题仍然不明白，就要抓紧时间和机会向老师发问，直到把预习中所找出的疑点全部弄明白为止。

五是不同学科要不同对待。预习的方法并不是千篇一律的，应根据不同的学科特点抓住预习的重点，选择不同的预习方法。比如，语文课首先要解决生字、生词障碍，再分析段落大意、中心思想以及写作风格、手法；而对于数学课，则应该把重点放在数学概念、数学原理的掌握上面。

另外，预习还要讲究主次。不要把预习作为学习的主要过程，以致上课时不注意听讲，这样反而会适得其反。

预习方法

一般来说，预习，要分为以下四个阶段进行。

第一阶段：浏览一遍教科书，大致了解一下教材的主要内容，在不太了解的地方做个记号，上课时针对这些疑点提出问题，直到理解为止。

第二阶段：研究课后的问题或习题，将它们解答出来，上课时将答案与老师讲解的正确答案对照。

第三阶段：编写新课的内容提要，确定新课的重点和难点。要注意的是，在第二和第三阶段中，对于自己经过努力仍无法解决的问题，不必因此而花费太多的时间去解决，可以先把问题写下来，留着等到在课堂上听课时去解决。

第四阶段：利用参考资料，将没有学过的内容进行一番预习。争取依靠自己的努力将难点攻克，把问题解决，把没读懂的地方读懂。如果你能做到这一步，那么，不仅预习的兴趣会迅速增加，而且预习的水平也会渐渐提升。

珍惜课堂每一秒

课堂对于青少年来说可是最宝贵的了。有人说："学生不把上课作为学习的中心环节来抓，那就是捡了芝麻丢了西瓜。"这话可谓再恰当不过了。

课堂学习所用的时间是早饭以后的整个上午和下午两三点前后。此段时间是我们青少年脑功能最活跃的时间，我们注意力最集中，学习效果也最好。因此，我们必须有效地利用这段黄金时间，谁如果轻视课堂学习，谁就是在浪费青春、浪费生命。下面就介绍几种课堂学习的好方法。

集中注意力

上课时千万不要心猿意马，要在上课前、听课中，始终注意排除脑子里其他问题的干扰，保证听课不走神，一旦走神应马上调整过来。要尽量培养自己对课程的兴趣，适应老师的讲课特点。听课时，我们常常遇到听不懂的地方，这时怎么办？可以先冷静地思考一下，如果一时还想不明白，可以做个记号，暂时放下，等课后复习时解决或者以后再问，千万不要"钻牛角尖儿"。

其实，这种全盘接受未懂得的知识的方式，也是课堂上的一种策略。采用这种策略，虽然这一部分内容没有"当堂懂"，但是，它保证了紧接其后各部分内容的"当堂懂"。

紧跟老师思考

听课只是为了学到知识吗？是不是知识听懂了，就算课听好了呢？应该说，听懂是最起码的要求。但是优秀的学生不应当只满足于这一点，而是要一边学习知识，一边学习思维方法。这很重要，不但可以促进深入理解，防止死记硬背，还可以帮助我们以后遇到类似问题的时候自己能解决了，从而锻炼了我们独立思考的能力。

要学习老师的思维方法，就要求听课的时候紧跟老师。课堂上，老师讲课是一环扣一环的。有一环不注意，没听懂，就影响下一环，那么课后就是花双倍的时间也难以补上。

所以，在课堂上精神要高度集中，让自己的思路跟着老师的话转。如果上课时不好好听课，而把几倍的时间和精力用在课后复习、做作业上，就会使学习处于穷于应付的被动局面，那是直路不走走弯路，自找苦吃！

青少年朋友们一定要记住，课堂上，千万不可脱离老师讲课的轨道，一旦脱轨，就可能造成学习上的"翻车"。

抓重点、难点

我们说课堂上要专心听讲，但专心听讲也要有技巧、有选择。一般来说，老师讲的都要听，但有时老师为了照顾不同层次的学生，会采取不同的方式讲不同层次的内容，这时我们就得根据自己的实际情况有选择地听，即抓住对自己来说有重要意义的关键内容。

一般而言，听讲的关键内容主要

有：基本概念、基本原理、基本关系式等基本内容，老师补充的重要内容，老师点出的最容易混淆和出错的地方，预习时未能完全弄明白的内容。

如果在课堂上抓住这几个方面，那么听课就抓住了要领。有时重点不一定是难点，遇到难点要力争当堂消化，特别是关键环节要特别留心，必须弄明白。

学思结合

在课堂上，不但要专心听，还要勤思考，做到学思结合。具体要怎么做呢？

一要对比听课。将自己预习时的理解与老师的讲解进行比较，纠正自己先前主观理解的错误，加深对新内容的理解和记忆。

二要大胆质疑。多问几个"为什么"或"怎么样"，然后独立思考寻求答案，如果自己找不到满意的答案，就向老师和同学请教。三

要超前思考。上课不仅要跟着老师的思路走，还要力争走在老师思路的前头。譬如，老师刚提出一个问题，就应主动去寻找答案，然后和老师的答案核对。自己想对了，老师再一讲，就记得更扎实；若想不出来，或和老师的答案不一样，再听老师的讲解，自己的理解也会更深刻。

四要学会选择归纳。归纳出老师所讲内容的梗概，领会老师讲解的要点，并使这些内容与自己原有的知识结构融为一体。

五要揣摩老师讲解的意图。弄清老师是在陈述一件事，还是在说明一种物；是在抒发某种感情，还是在发表某种议论；是在探讨某个问题，还是在提出某种疑问。

六要积极参加课堂讨论。在讨论问题时，既要认真倾听其他同学的发言，又要积极思考，理清自己的基本思路和观点，从而提高听课效率。

学会记笔记

我们都知道记笔记的好处，也都具备了一定的记笔记的能力。但在课堂上，一定要坚持以听为主，可以趁老师讲完一个知识点准备下一环节的停顿时间，快速地记上之前的内容。

记课堂笔记切忌两种倾向：一是逐字逐句记老师的原话，结果往往是因速度跟不上，反倒漏了重点；二是只记标题，内容空洞。高质量的课堂笔记一般应包括的内容有：老师的板书内容。老师在黑板上写的往往是重点，应该记下，尤其是一些重要的论点、论据、定理、定律、公式、概念、结论和解题方法等。记听课时发现的问题，这是新的疑难点，可供自己在课后思考或向别人请教。记解题思路和方法，小结、课后思考题。

按时完成作业

对于我们青少年来说，做作业几乎是我们每天都要面对的"必修课"。有的同学可能会说，做作业无非就是写、读、想呗，还有什么新鲜的。话是这样说，但是大家天天都做作业，做作业的效率高吗？这里教给大家做作业的方法，让大家轻松做作业。首先我们要明白做作业并不是一个独立的过程，它是有它自己的规律的，掌握了这个规律我们就能大大提升完成作业的效率了。

先复习后做作业

我们有一些同学下了课，书也不看，笔记也不翻，就急急忙忙地做作业。有的则是边翻书边做作业。这些都是不良的习惯。正确的做法应该是先复习后做作业。经过复习，头脑会更加清醒，做题也有了可靠的依据，会又快又好。

仔细审好题

审题就是认真阅读、正确理解题意。许多同学在做作业时常常忽视审题，对审题采取漫不经心的态度，这样是不行的。对题目中的每一个字、每一句话以及每一个符号、每一个数据我们都要看清楚、看准确。因为一旦看错了题目，后面的全部工作就都错了，那真就是一步错，步步错，全盘皆输了。

细心做好题

这一步是在审题的基础上，把做题的思路用书面形式表达出来。做题的要求首先是"一次对"，即解题思路和答案要正确，其次是速度快。这里需要特别提出的是，现在许多青少年喜欢用计算器进行计算，这种靠计算器换来的暂时的"快"，付出的代价是独立计算能力的下降，这是得不偿失的。

学会检查修正

在做完题后，我们应该从头到尾仔细浏览一遍，检查一下解题的步骤、思路是否正确，个别地方是否有错误，若发现问题，要及时加以修改。检查的方法有很多，可以顺着解题的步骤一步一步地检查，也可以重做一遍，看答案是否一致，还可以用另外的方法做一遍，比较结果是否一致，或者把结果代入题中，按题意要求看是否恰当等。

进一步提高作业质量

作业检查完了，是不是就算完事了呢？当然不是，优秀的同学会进一步提高作业的质量。作业质量和学习成绩上的差距，往往就从这里开始形成了。那么，我们如何进一步提高作业质量呢？至少要做好下面的几件事。

一要正确应对难题。遇到难题时，要尽可能独立解决。一时想不通，可先放一放，甚至可以去做其他的作业。有时候，放下难题去做另一科作业，突然之间会发现，原来的难题有了解决办法了。

二要正确对待错题。对于错题我们最好建立一个"错题本"，将错题、容易出错题、难点题和典型题汇总起来，这有助于我们找出其中的规律，减少再出错的概率。

三要学会举一反三，一题多解。每做一道题，都要认真想一想，这道习题用了哪些概念和原理？解题的基本思路和方法是什么？这道题考查的知识点是什么？

除了这种解法以外，还有没有别的解法？有不少习题，客观上存在着多种解法，要善于钻研，通过对各种解法的比较，确定一种最佳解法并抄写在作业本上。这样的作业，从表面上看和别人的作业一样，实际上质量却是高的。

多复习巩固记忆

我们知道，一棵种子要经过发芽、开花，才能结出果实。其实，学习也是一样的，预习、听讲都是前期的打基础阶段，真正想有所收获，就必须好好复习才可以。孔子说："温故而知新。"俗话说："拳不离手，曲不离口。"都是在说明复习的重要性。所以，不善于复习的同学十有八九是学不好的。复习，是掌握知识、提高水平所不可缺少的环节。

著名心理学家艾宾浩斯对遗忘现象研究后发现，人们对学到的新知识，一小时后只能保持约44%，两天后只留下约28%，六天后只剩下约21%。

这些数据表明，知识刚学过之后，遗忘得特别快，经过较长时间以后，虽然记忆保留的量减少了，但遗忘的速度却放慢了。遗忘的规律是：先快后慢，先多后少。针对这一规律，我们学过新知识后，一定要"趁热打铁"，抓紧时间及时复习、巩固。

及时复习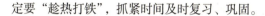

为了提高我们的记忆效率，复习要及时。这需要我们做好四件事。

第一，进行课后回忆。就是在听课的基础上，将所学内容再回忆一遍，它具有检验听课效果的作用。

如果你能顺利回忆，就证明你的听课效果还是很好的，反之就应寻找原因，改进听课的方法。课后回忆可按教师的板书提纲进行，也可按教材的纲目结构进行，从课题到重点内容，再到例题和每部分的细节，从而及时检查当天的听课效果，提高记忆力，养成善于思考的好习惯。

第二，精读教材。对于那些在课后回忆不起来，记得不太清楚的知识点，应精读几遍教材。许多优秀学生的学习实践表明，对教材理解得越透，掌握得越牢，学习效率就越高。这就是"熟能生巧"的道理。

　　精读教材，一要全面，二要突出重点。对课堂上未完全理解或在回忆中未能再现的内容要着重精读。精读时要注意把握要领，从多个角度分析同一个内容，并有意识地加强对易混淆概念的辨析。此外可以在教材的空白处写下自己的体会。

　　第三，整理笔记。课堂上的时间毕竟是有限的，加上老师的讲课速度一般较快，因此难免会漏记一些内容。

　　为此，课后一定要整理好笔记，先把上课时没有记下来的部分补上，再把记得不准确的地方更正过来，以保证笔记的完整性和准确性，然后把笔记本上记录的疑点弄明白，对于一些新发现、新体会，也需补进笔记内。对于我们青少年学生来说，笔记可是非常宝贵的资料。

　　第四，及时练习。课后练习包括书面作业和实际操作等。这个阶段，我们要勤问解疑。发现疑点就要及时提问，如问课本，问工具书，包括参考书，问同学，问老师等，彻底铲除理解上的障碍。

理解复习

　　大量的实践研究证明，对于理解后的知识很难再忘记。由此可知，理解是记忆的前提和基础。要复习好功课，必须先把知识充分消化了才行，这就要求我们必须做到：上课高度集中自己的注意力，把课听懂，最大限度地提高课堂学习效率；积极思考问题；有疑必问，做到当天的问题当天解决，绝不拖到第二天再去想。

经常复习

　　对于刚刚学过的知识，我们很容易大量遗忘。所以，复习的次数就要相对多一些，间隔的时间也要相对短一些，也就是说要做到经常复习，随着记忆巩固程度的加深，每次复习的间隔时间可越来越长，在达到一定程度时，知识就会成为牢固的记忆，不会再忘记。

第二章　锻炼灵敏的思维能力

　　人与动物最大的区别就在于我们拥有智慧，会动脑思考。就像生活习惯一样，每个人也都有自己的思维习惯，且会伴随终生，可以说思维决定人生。让我们养成良好的思维习惯吧，它会给我们的人生带来无限的精彩。

思维是种玄妙的东西

青少年朋友们，你知道思维是什么吗？思维是一种看不见、摸不着的大脑高级神经活动。

它不像其他事物那样可以明显地表露出来，大多数思维过程是别人无法觉察的。在我们的生活中，利用这种无法目测的思维，可以让我们更好地实现目标，帮助我们从不同的角度去思考和解决问题。

某种程度上，思维力几乎等同于智力，这是由它在智力上所处的核心地位而决定的。思维力，体现了每个个体思维的水平和智力的差异。

在大脑所有活动中，思维处于最高级的核心地位。思维是借助言语、表象、动作等形式，形成对客观世界的概括和间接的认识，并在问题的解决中加以运用的过程。好的思维方式，就是我们制胜的法宝。

青少年朋友们，吸水纸诞生的过程，就是一个有关思维的故事：

一名德国工人在生产一批纸时因为不小心弄错了配方，结果，生产出了大量不能书写的废纸。为此，他惨遭解雇。

正当他灰心丧气时，他的一位朋友想出了一个绝妙的主意，叫他将问题倒着看，看能否从错误中找出有用的东西来。于是他很快就发现这批废纸的吸水性相当好，可以用来吸干家庭器具上的水。

于是，他就把纸切成小块，取名"吸水纸"，拿到市场上出售，结果相当抢手。这个错误的配方只有他一个人知道，他后来申请了专利。就靠这个错误，他发了大财，成了大富翁。

青少年朋友们，我们从这个故事中会得到怎样的启示呢？具有良好的思维，可以化腐朽为神奇，可以在错误中找到机会实现成功。

思维具有以下几个特点：

规律性

人们在研究、探讨、解决不同的问题时，往往根据思考对象采取不同的思维角度、思维方法。既然思维是复杂、高级的中枢神经系统和大脑皮层的活动，要取得优秀成果所付出的精力是十分巨大而又艰苦的，因此，根据不同事物的不同规律去研究有关思维的规律，是成功的重要条件。

层次性

人的思维是由个别的、零碎的、彼此孤立的感性认识上升到一般的、整体的、互相联系的理性认识过程。这一

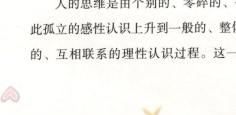

过程是思维的内在层次性的体现。思维的外在层次性则展现在简单思维、复杂思维和高级思维等不同层次中。把握思维的层次性是取得成果的基本条件。

潜在性

思维是人的一种潜在的大脑高级神经活动，它不像其他事物那样可以明显地表露出来，但有时可借助肢体动作、视觉凝神等方式表现出来。大多数思维过程是外人所无法觉察的。

能动性

思维的能动性主要表现在三个方面：

第一，主动推理联想。这是从已知的知识和体验中推理、演绎出新的知识和形象。

第二，构思假设。思维一旦形成假设，就能正确指导人们的活动，减少盲目性，取得新的发明创造成果。

第三，控制大脑。思维虽然是大脑的产物，但思维在大脑中不是处于消极的、被动的地位，而是起着积极的、主动的控制作用。

勇敢地质疑权威

青少年朋友，你们有没有发现一个具备洒脱气质的人，往往会给人以耳目一新的美好感觉？而洒脱气质的一个重要表现便是不盲从，敢于向权威挑战，也就是敢于质疑。

古人云："学贵多疑。"不疑不进，小疑小进，大疑大进，多疑好问，通过思考解决了问题，就获得了知识，就增长了学问。

　　质疑就是对于各种问题都要持怀疑的态度并进行思考。喜欢质疑的人总是能取得成就的。爱因斯坦之所以成功就在于他对自己学过的知识都加以批判性地接受，都抱着质疑的态度。正是由于这一点，他才想出"牛顿万有引力的规律在地球上是如此，出了地球就不是如此"的问题。学会质疑，就是要有不人云亦云、盲目随从的判断能力。学习知识要不唯书、不唯上、不迷信老师和家长、不轻信他人。世界巨富比尔·盖茨就是这样的。

　　　　比尔·盖茨在学生时代好动，喜欢独立思考，敢于质疑。课堂上，一旦觉得老师讲的知识有纰漏，比尔·盖茨就毫不犹豫地指出来。

　　　　有一次，他和物理老师格雷·马蒂诺展开过一场激烈的论战，争论的是关于气体膨胀的问题。物理老师气急败坏地说："你以为你是谁？"

　　　　"我？我认为你错了，彻底错了！"比尔·盖茨据理力争，坚持己见。

　　　　辩论一直持续了一个星期。老师带着比尔·盖茨又是查资料，又是做实验，几乎把自己的"家底儿"全抖出来了，才让这个"难缠"的比尔·盖茨心悦诚服地点了头。

　　这就是不迷信老师、敢于质疑老师的求学态度。也正是因为这种敢于质疑的态度，为他之后的成功打下了很好的基础。如果他不敢质疑老师所讲述的知识，那么，他很可能不会深刻地理解所学的知识。

当然，这世上少不了权威，因为人们需要导师、顾问与教练。尊重各个领域的权威是理所当然的，但迷信权威不可取，因为这种心态会扼杀创新精神。有句名言说："当一位杰出的老科学家说什么是可能的时候，他差不多总是对的；但当他说什么是不可能的时候，他差不多总是错的。"

19世纪末担任英国皇家学会会长的洛德·开尔文，是一位极富革新精神的物理学家，但晚年他却宣称："X射线将会被证明是一种欺骗""无线电没有前途"。

伟大的发明家爱迪生曾强烈反对使用交流电，甚至要求完全禁止使用。20世纪伟大的科学家爱因斯坦，曾竭力反对玻尔等人提出的量子力学统计解释。他也曾断言"几乎没有任何迹象表明能从原子中获得能量"。核物理学奠基人之一的卢瑟福也曾说过："谁企图研究从原子转换中获得能量，那他是在干一件荒唐的事。"

1970年，很多科学家都认为基本粒子可归纳为三种夸克。美国麻省理工学院华裔教授丁肇中却对此表示怀疑，想进行相关方面的实验。他的这一想法遭到美国几乎所有大型国家实验室的反对。1974年，丁肇中等科学家最终发现了一种全新的夸克。

很多著名的企业家兼技术专家犯错误的例子也不少。

于20世纪60年代建立小型计算机王国的美国数字设备公司创始人奥尔森，晚年却认为"个人计算机是不该出现的怪胎"。以太网的发明人梅特卡夫曾打赌"互联网在2000年前会出现瘫痪"。而事实呢？现在的互联网已经走进了千家万户。

凡此种种，都说明了一个问题，那就是：权威也会犯错误。所有的事实都不是绝对的事实，它总是相对而言的，所以，说出"绝对"二字的时候，大部分情况下就已经错了。权威也会犯错误，青少年朋友们千万不要被权威束缚了头脑，创新往往就是从怀疑权威开始的。

迷信权威、迷信知识会使我们的思维变得懒惰而迟钝。况且，有很多事实都能证明权威也会出错的，所以，我们要勇敢地发表自己独特的见解。

学会质疑也就是要学会在思维时，尽可能多地给自己提一些"假如……""假定……""否则……"之类的问题，这样才能强迫自己换另一个角度去思考，想自己或别人没想过的问题。

质疑是一种冷静的自我反省，是对自己原有的思考和结论采取批判的态度并不断加以完善的过程。这实际上是一种良好的自我教育，也是我们青少年培养创新思维的重要途径。青少年朋友们，还唯"权威"是从吗？还一味地相信书本和老师吗？那就太落伍了。大胆地质疑吧，这才是我们真正应该培养的好习惯！

凡事多问几个为什么

俗话说："问是学之师，知之母。"在学习和生活中，即便是那些优秀的学生，也不一定什么事都比别人知道得多，也不一定什么都懂。不怕有问题，就怕没有发现问题。所以，我们青少年应该带着问题学习，提高自己的思维能力。

爱因斯坦八岁时，从父亲那里得到一个罗盘，谁也没想到他竟然围绕罗盘一连串提出了二三十个问题。父母不能给他满意的答案，他就找到了一个从事技术工作的叔叔雅格来专门给他讲解。

在湖北省武汉市也有一个超常儿童，和爱因斯坦一样，也是带着"为什么"行走。她14岁的时候被武汉大学破格录取为"少年预科班"的学员。她能从别人习以为常的现象中找到问题。

例如，她发现月亮有上下弦之别，就问："月亮为何经常变形状？"她见家门、厂门、校门不一样，就问："门为什么有许多样子？"她乘船时见船是铁制的却可在水中航行，就问："船为什么不沉底？"她见关上电扇后叶片还在转，就问："关了电扇为什么它还转一会儿？"太多太多的"为什么"，就这样将她引领进了思维的王国。

由此可见，养成良好的提问习惯，凡事多问个"Why"（为什么）"How"（怎么样），即使是一件貌似平常的小事，你也有可能有新的发现！

敢问会问

在现实的学习生活中，有不少学生明明有问题却不敢问。他们之所以这样是因为怕老师和同学们嘲笑自己。其实，这种担心是没有必要的。经过深思熟虑后，再去拿着问题请教别人，那么所提出的问题就会有一定的深度，别人不但不会看不起你，反而会对你另眼相待。

大胆地向老师、同学、家长请教，向一切在这个问题上比自己强的人请教吧！很多时候，我们都能从他们那里得到看问题的新角度。

另外还要会问。什么叫会问呢？首先，要在独立钻研的基础上发问。敢问不等于依赖，不能一发现问题就去问别人，这是没有意义的。提问时，不要问类似"如何做这道题"这样的问题，如此提问能使你得到习题答案，但对你理解这个问题没有什么帮助。

好的提问应当是"我解这道题的方法对吗？还有没有什么别的方法？"这样提问会使你得到进步，使你能够举一反三。

学会追问

学问学问，勤学好问，好问别人，

更要问自己，要一个问题接着一个问题，一直追问下去。事实上，追问会引导我们一步步地取得进步。例如，牛顿从砸在头上的一个苹果，发出了一连串的追问：为什么只看见苹果落地，不见地球向苹果飞去呢？可不可以把天上的月亮看作一个很大的苹果呢……在解决一个个的问题时，牛顿发现了伟大的万有引力定律，是不是很神奇？

青少年朋友们，别害怕问问题，学问，学问，就是要会问才能够学好。勇敢地做一个"问题"猎手吧，勇于探索未知，会让你变得越来越聪明！

让思维插上想象的翅膀

想象力是人类智慧的体现，也是人类与生俱来的独有天赋。遗憾的是，现在很多家长和老师只在乎青少年的成绩，青少年缺少想想的空间和时间，无意间就扼杀了孩子的想象力！有人认为会想象没什么意义，这种观点显然是不正确的。

想象是我们思维的翅膀，想象力直接关系着我们创造力的发展。细想一下，生活中的各种发明不都是人类充分发挥想象力才会有的成果吗？

在一次哈佛大学校友会的年会上，"魔法妈妈"罗琳坦言道："想象力在我重塑人生的过程中起了重要的作用……"她的著作《哈利·波特》系列在全世界掀起了巨大浪潮。

那么，想象力从何而来呢？有什么好方法可以培养我们的想象力呢？不妨参考以下一些建议。

多观察，勤思考

我们认识的事物越多，想象空间就越广阔。如果只是通过课本来学习，是无法养成良好的想象习惯的。因此，在日常生活中我们要学会多观察、多记忆形象具体的东西，经常去接触新鲜的事物。例如，去博物馆参观、参加各种公益活动、去郊外游玩等时候，仔细观察各种事物，这对丰富我们的想象力很有帮助。

保持好奇心

拥有好奇心是发挥想象力的起点，因此，请保持好奇心。遇事多问几个为什么，能使我们大脑的想象功能在思考中提升。

保持丰富的情感

要使想象力更好地发挥出来，还要保持丰富的情感，因为乐观的情绪能让人的大脑保持高度兴奋和活跃，这时想象力就会像插上了翅膀一样任意发挥了。

置身于想象中

在现实的学习与生活中，我们的想象力有时似乎无从落脚。其实，我们完全可以主动将自己置身于想象的世界。下面这些方法就很有效。

第一，阅读文学作品，特别是科幻小说时，我们就可以让自己置身其中，想象具体的人物和情景。还可以在读到一半的时候，尝试自己编写余下的部分，无须在乎是不是与作者的想法一致，重要的是锻炼自己的想象力。

第二，多培养一些兴趣爱好，比如绘画、舞蹈、下棋、音乐等都是我们培养想象力的重要途径。

第三，通过构想某一物体尽可能多的用途来训练自己开阔思路。比如在两分钟内写出纸的用途、汽车的用途、煤的用途、土的用途等。当你在思考每一种东西的多种用途时，就是在尽力扩展自己的思维，不断变换思考的角度，长此以往，就会形成开阔的视野和敏锐的思维能力。

青少年朋友，不管是在生活中还是在学习中，千万别收起想象的翅膀，它是你宝贵的财富，好好运用它，它能带你飞得更高！

第三章　训练超强的记忆能力

　　随着年龄的增长，你是否觉得脑子越来越不够用，记忆力越来越差，学习效率越来越低呢？为了保持思维的敏锐，锻炼大脑是很重要的。那么，从现在开始，让你的脑细胞"运动"起来吧！

"玩转"你的大脑

我们已经了解到智商是可以通过后天的努力加以提高的，相信很多人已经迫不及待地想知道怎么做才能提高智商了吧？20世纪60年代，一名生物学家对扁形虫做了若干次实验。他发现一个极不寻常的结果。

教一条扁形虫走迷宫，等扁形虫学会了之后，把这条"聪明虫"碾碎，喂给尚未受训练的其他扁形虫，"笨虫"就会突然知道"聪明虫"先前学到了什么：这些"笨虫"并不知道迷宫的出口会有食物，也从来没有走过迷宫，却可以在迷宫的出口找到食物。

这个实验证明了"吃什么，像什么"这种说法，并且给消化方面的概念下了新的定义。

"笨虫"可以靠吃"聪明虫"而变得聪明，如果我们一生下来，就可以吃到累积前人知识的婴儿食品，该是多么美妙的事情！

这虽然是一种天真和不切实际的遐想，但是，至少可以说明一点：人类的智商是可以通过学习来提高的。那么，如何来提高智商呢？

多用脑

人们常说，镜子越擦越明，脑子越用越灵。多用脑是提高智商的最好方法，特别是多用右脑。很多人都知道这一点，但并不注重科学用脑、合理用脑。经常有人会说脑筋都用痛了，这就是用脑过度了。国家行政学院的刘峰教授讲的几句话很有意思：大脑加小脑，左脑加右脑，内脑加外脑，人脑加电脑，这就是全面用脑了。

合理用脑

用脑与不用脑交替进行、大脑与小脑交替运用、左脑与右脑交替使用是合理用脑的关键。不仅是交替使用，还要相互转换，这种交替使用和相互转换，特别能锻炼大脑和小脑、左脑和右脑，是一种有效的脑运动，对智商的提升有明显的效果。

多用右脑

人的大脑分为左脑和右脑两个部分，通常来说，人的右脑容量大、作用大，一些资料显示，右脑存储量是左脑的100万倍。因此，人们常说"右脑动一动，孩子更聪明"。

美国权威研究显示，爱因斯坦、达·芬奇、居里夫人等这些伟大的人物有一个共同之处，他们都有着超级发达的右脑，因而有着超群的想象力和观察力。科学家指出，在其一生中，大多数人只运用了大脑的3%至4%，其余的96%至97%都沉寂在右脑的潜意识中。现实生活中，95%的人仅仅使用了自己的左脑。

所以，长期以来，人们把右脑叫作"哑脑"。一方面，是说左脑才是管语言的，用语言处理信息，右脑是管想象的，用想象处理信息；另一方面，是说右脑几乎没有被用到。正如一位著名教育学家说的："在开发大脑的潜力上，我们是在单脚骑自行车。"其实，右脑才是"天才脑"，它隐藏着神秘的力量等待我们的开发。

右脑是可以开发的，右脑越开发人就越聪明。右脑越练习就越发达，接受右脑开发的孩子会变得更优秀。但右脑的开发是需要一定时机的。科学证明，幼儿期是开发右脑的黄金时期，特别是3岁至4岁。恰当地开发右脑，可以促使大脑神经发达，扩大脑容量，还有助于协调左脑的发育。

催眠术

催眠术是用诱导的办法使被催眠的人表面上看起来处于类似睡眠的精神状态。在这种状态中，通过外界诱导，如催眠曲、舒缓的乐曲等，可以使人的大脑改变时间概念，加快或放慢机体频率，从而增强记忆和学习的效果，提高工作效率，解放个性，发展天赋。

压力激励法

调动大脑的积极性，提高智商有许多方法，"压力激励法"是在特殊情况下行之有效的办法之一。人的大脑受到外界的强大压力后神经细胞会高度兴奋，工作效率变得极高。古今中外无数成就卓著的人，都善于调节自己，在巨大压力面前不被压倒，而是把压力变成动力，创造出正常情况下很难做出的成就。

共振激励法

共振是一种物理现象，这种现象在日常生活中也随处可见，欧洲流行的各类"沙龙"有些就是这类情况。一些志趣相投，思考方法、看问题角度相同的人在一起讨论一些文艺、音乐、社会、人生等问题时，思路非常活跃，探讨问题的广度、深度非常一致。

这种思考的方式、思路相同，话题集中的探讨，使人谈起来非常融洽和投机，容易引起大脑皮层的兴奋，造成神经细胞的活跃，而且这些细胞的活跃程度、反射条件、神经环路的运转相似，因而"频率"相同，极易产生"共振"。这种"共振"能调动人的大脑的积极性，使思想互相感应，知识上互为补充，从而启迪智慧，激发灵感，取得更为广阔和深远的建树。

制造快乐

我们之所以能感受到喜悦和愉快，是因为大脑内分泌了一种名叫多巴胺的物质，这种物质还能增进脑细胞的发育、扩展神经网络。因此，为了活跃脑细胞，我们可以主动去制造多巴胺，比如不时给自己设定一些容易实现的目标、晚上和朋友去看场电影等。当我们一想起这些令人愉快的目标时，大脑就会分泌多巴胺，而我们也能更高效地完成工作。

提高智商的方法很多，这里介绍的只是比较典型的几种。通过对这几种方法的了解，我们起码可以明确这样一个认识，就是智商虽然与遗传有关，但遗传绝不可能决定和限制智商，智商是可以通过后天的学习和努力加以改变的。

努力提高你的智商

愚者和智者可以说是相对的两类人。有的人或许认为愚者可以通过学习和后天努力转变为智者，智者却不会变成愚者。如果这样想，你就错了。

哲学课堂上讲过，矛盾双方可以在一定条件下相互转化，愚者和智者就是这样的一对矛盾，它们也会在一定条件下相互转化。

中学课文中有《伤仲永》这样一篇文章，文中的方仲永就是一个小时候智力超群、长大后变得很平庸的例子。

从方仲永的例子中，我们不难看出，人的智商是会衰退和贬值的。在小时候聪明伶俐的孩子，长大后，因为放弃学习，不认真努力，依然会变得平庸，"泯然众人矣"。

在现实生活中，很多才智出众的人在处理日常事情上显得很傻，但是在"根本大事"上却做得很出色。那么，这些人到底是真的傻呢？还是假的傻呢？让下面这个关于"傻孩子"的故事来揭开谜底吧！

　　一个小男孩，大家都认为他很傻。为什么这么说呢？大家做过这样的试验，拿5美分和10美分的硬币放在他面前，要求他只拿一个，而且这硬币就属于他了，结果这个小男孩总是只拿5美分的硬币。

　　有一次，一个智者从此经过，听说这件事，亲自试验了一回，果然与大家说的一样。

　　智者哈哈大笑，拍着小男孩的肩膀说："小朋友，你真聪明。"说完飘然而去。

到底这个小男孩傻不傻，大家难以确定，但这个小男孩长大后成为这个国家的总统。他就是威廉·亨利·哈里森，美国历史上的第九任总统。

实际上这个小男孩一点也不傻，他是大智若愚。因为他知道，如果他拿10美分的硬币，那么下次就不会有人再给他这样的机会了。所以他每次都只拿5美分的硬币，以致他得到了无数个5美分的硬币。

通过这样的例子，我们不难看出，真正的智者不会把聪明显露在外，越是聪明的人，越是大智若愚。

真正的聪明人所要做的，就是发挥自己的优势，努力学习，不断完善，让自己的脑袋更聪明。

训练你的记忆力

记忆力是衡量智商高低的重要标准，一个记忆力好的人，他的智商在很大程度上分数是偏高的。记忆力是一切智慧的根源，记忆力在学习中的体现，以青少年学生最为明显。

因为在青少年成长阶段，需要记忆的知识所占的比例比较大，记忆力的好坏将直接影响他们掌握知识的速度、质量和智力的发展水平。青少年要抓住这个记忆力发展的黄金时期，要特别注重对记忆力的培养。

记忆类型

记忆是人脑对经历过的事物的反映。它分为三个环节，就是识记、保持、回忆或再认。从信息加工的角度看，记忆是对输入信息的加工、编码、储存和提取的过程。这里加工、编码相当于识记，储存相当于保持，提取相当于回忆或再认。记忆力是人的一大天赋，人在出生之后就具有记忆力了。然而，由于后天的原因，每个人记忆力的好坏却又是千差万别的。

每个人都有自己特有的记忆类型，这些类型包括：

视觉型：这是借助视觉来记忆事物的类型。一般而言，人的记忆以视觉型居多。人类的记忆信息中有70％至80％是视觉型的。尤其是画家、设计师和技术设计人员，他们的视觉记忆能力特别强。对于这一类型的人来说，使记忆信息视觉化，对他们来说是最为合适的。

听觉型：这种类型的人能很好地记住耳朵听到的内

容。有些人的音乐感非常强，有很强的节奏感和旋律感，对于听到的内容很容易记住。他们就属于听觉记忆的类型。

运动型：这是通过动作来记忆事物的类型。这类人的手很灵巧，做过的各种体育动作或艺术技巧都能马上记住。像体操运动员、跳水运动员、蹦床运动员等就是这个类型的代表。

混合型：混合型是指视觉型、听觉型、运动型这三种类型的混合类型。这种类型的人的综合性最强，他们在记忆的时候，多数是眼、耳、手、口等器官共同作用的。

人的各种记忆类型是不平衡的，大多偏向于某一种类型。但即使是视觉型强的人，也不仅要用眼看，还要用嘴读，用耳听，用手写，以构成立体的印象。

记忆程序

记忆其实是有一套完整的程序的。一个人如果要记住一件事情时，则必须遵循完整的记忆程序：印象、联想和重复。

印象：印象就是客观事物在人的头脑中留下的迹象。印象越强烈，则记忆越深刻越清晰。反之，印象越淡薄，则记忆越模糊。

联想：所谓联想，就是由某人或某事物而想起其他相关的人或事物，或是由于某概念而引起其他相关概念的一种思维活动。有意识地进行联想，这是锻炼记忆力的一个秘诀。很多人善于记忆数字，他们甚至可以背诵圆周率小数点之后几百位的数字，就是靠着这种方法来记忆的。

重复：就是强调，即机械记忆。这是记忆的重要因素。重复通过大脑的机械反应使人能够回想起自己一点也不感兴趣的、对之没有产生过任何联想的东西来。通过重复，一个人能够记住自己完全不解其意的东西。我们小时候背诵的唐诗、宋词之类的，就是采用这种记忆的方式，不断地重复，慢慢地，这些诗词就会深深地刻在脑海里，甚至到我们长大的时候也不会遗忘。

记忆特性

人的记忆有敏捷性、持久性、准确性和准备性四个特点。

记忆的敏捷性：是指记住一定量材料所花时间的多少。要记忆得快，就要注意力高度集中，有明确的记忆目的，善于把机械记忆的材料变为有意义的和形象的东西。

记忆的时候，精神越集中，记忆的速度就会越快，记忆的效果也会越好。专注力是人进行记忆的一扇大门，如果不专注，就像记忆的大门被锁住了一样，需要记忆的东西很难存进大脑里。

记忆的持久性：就是记忆内容保持时间的长短。保持在记忆中的内容，一定时间后，有的完全遗忘，有的部分遗忘，有的永远不会忘记，这就是记忆持久性的不同。患遗忘症的人记忆的持久性最差。

记忆的持久性和年龄大小有关，如果说，记忆就像我们大脑的"硬盘"一样，那么青少年时期的记忆，就像是一张崭新的硬盘，是我们存储知识的最佳时期。所以我们一定要好好把握这个时期，尽可能把学习的知识都牢牢地记忆在大脑里。

优秀的学生为了提高记忆力，通常会给自己制定一个时期一些学科知识的记忆目标，并把这些目标和自己近期的活动联系在一起。把记忆的材料和内容变成自己活动的对象，在活动中加深记忆。记忆目标一定要具体，并有长期保存的价值。

记忆的准确性：就是对所记住的事物再现时的正确程度。人的记忆不可能像照相机一样准确无误，但比较起来，其正确程度是各不相同的：速写画家能把舞蹈演员的舞姿准确地记住，作画时达到惟妙惟肖的程度；侦察兵能把所侦察到的地形、火力点等准确地记住。这是与记忆者的思维模式和工作状况相关的，因为长期从事一种活动，他们的大脑就会对记忆某一特定方面的内容特别擅长。

记忆的准备性：就是记忆的东西在运用时是否能很快回忆起来。记忆的目的，在于备而有用、备而能用、得心应手。将学到的知识经过大脑的加工，形成有序的知识结构，运用时就容易提取。

遗忘是信息不能提取，或提取发生错误的现象。它可能是在提取过程中发生的障碍，而信息并未从头脑中消失，在适当的时候还可能恢复，这是暂时性遗忘；也可能信息已在头脑中消失，必须重新学习，这是永久性遗忘。

我们在记忆的时候，要避免永久性遗忘，减少暂时性遗忘，这样，我们的记忆就会发挥更重要的作用，无论我们想提取哪一段记忆，都能顺利完成。

搭上记忆的快车

华东师范大学心理与认知科学学院胡谊博士与美国佛罗里达州立大学的埃里克森等人研究发现，记忆力好并不是天生的，更多的是后天努力的结果。

一个青年在一年多时间内记下圆周率小数点后67890位，从而打破吉尼斯世界纪录。

可是，这位打破吉尼斯世界纪录的青年，在小时候并没有超常的记忆力表现，高中以前，他的学习成绩在班级里还是倒数几名。高三那年，他突然意识到学习的重要性，随后开始强化自己的记忆能力，成绩才突飞猛进。

在上大学后，他下决心背诵圆周率，每天坚持用5个小时来面对那些枯燥的数字，这样坚持了整整一年，最终以惊人的成绩打破了吉尼斯世界纪录。

由此可见，记忆力的好坏与长期训练有关，记忆时也许可以模仿、学习，但是坚韧的毅力才是成为记忆高手的不二法门。

理解记忆法

这是一种在积极思考、达到深刻理解的基础上记忆材料的方法。

理解记忆的基本条件是对材料的理解和进行思维加工。有些材料，如科学要领、范畴、定理、法则和规律、历史事件、文艺作品等，都可进行有意义的加工和重新排列组合。

人们记忆这类材料时，一般都不采取逐字逐句死记硬背的方式，而是首先理解其基本含义，也就是借助已有的知识经验，通过思维进行分析综合，掌握材料各部分的特点和内在的逻辑联系，使之纳入已有的知识结构，以便保存在记忆中。理解记忆的全面性、牢固性、精确性及迅速有效性，依赖于学习者对材料的理解程度。

理解记忆的效果优于机械记忆。德国著名心理学家艾宾浩斯在做记忆的实验中发现：为了记住12个无意义音节，平均需要重复16.5次；为了记住36个无意义音节，需重复54次；而记住6首诗中的480个音节，平均只需要重复8次！

这个实验告诉我们，凡是理解了的知识，就能记得迅速、全面而牢固。

如何理解记忆

既然记忆有这种规律特点，那么在学习的时候就要经常有意识地运用理解记忆，在记忆的时候展开积极的思维，这样才能取得良好的效果。如果在可以运用理解记忆的时候不加以运用，而偏偏要使用机械记忆进行无意义的重复，那效果可就不止事倍功半，而是相差10倍、20倍了。

　　我们在记忆材料的时候，只要它是有意义的，就应该向自己提出"先理解、后记忆"的要求，把材料分成大小段落和层次，找出它们之间的逻辑关系，而不要逐字逐句地死记硬背。

　　比如，我们背诵古文，如果不把古文的意思弄懂，那么就会像背天书一样，非常吃力。如果把古文里的实词、虚词都弄懂了，把全篇的中心意思掌握了，这时再背，就是在理解的基础上记忆，背起来就有兴趣得多，也会提速很多，印象也深得多。

　　我们说理解记忆效率高、效果好，是不是说只要理解了就一定能记住呢？这可不一定。对于理解的东西，往往也还需要多次重复才能记住。有的人理解了某个学习内容，就以为学习过程已经结束，没有意识地要求自己记住它们，不再通过重复加深印象，这样，是不可能把学习内容完全、准确地记住的。

多通道记忆的秘诀

　　要记忆外部信息，必须先接受这些信息，而接受信息的"通道"不止一条，有视觉、听觉、动觉、触觉等。有多种感知方式参与的记忆，叫作"多通道记忆"。

　　这种记忆方法的效果比单通道记忆强得多。

　　多通道记忆法动员脑的各部位协同合作，来接收和处理信息。这种方法在掌握各种语言文字的过程中效果显著。因为不论哪一种语言，学习的目的总是为了读、写、听、说，这四种能力恰恰涉及信息输入和输出的四种不同的通道，因此，在学习语文、外语等课程时，最好采用多通道记忆法。

心理学研究发现，单靠视觉只能记住学习内容的25％，单靠听觉只能记住15％。多通道记忆法应用于学习实践，主要应体现在把听、说、读、写、思和实际操作结合起来。多通道协同记忆，是利用多种感觉器官协同记忆繁难重要信息的有效手段。

为了使记忆时加深大脑对繁难重要而且陌生信息的印象，让其由短时记忆转化为长时记忆贮存在脑中，可以让多种感觉器官协同作战：看、听、写相结合，如果可能的话还可以采取触摸、嗅、尝等各种方式。在大范围的复习中也可以考虑采用这种方法。

这种方法最主要的优点就是加深了脑在识记时对繁难重要信息的印象，延长了记忆时间。

大家平日里可以在闲暇时来进行两种或多种感觉器官协同记忆的练习。如在无杂音干扰的环境中进行音乐听写，仔细地倾听、默写，

再反复对照；全神贯注地听一首曲子，至熟后清唱，再听，再唱，直至听唱合一。在限定时间内记忆声音信息的能力就在这种训练中不知不觉地提高了。

据说莫扎特自幼勤于这种训练，他在14岁的时候，有一次听完意大利作曲家阿莱格里·格雷戈里的一首弥撒曲，回到家中，将曲子几乎完整地默写了出来。

进行眼手口脑协同记忆的训练。有些重要的繁难信息，可以通过视觉观察后，用笔写下来，反复朗读，直至能背诵。过后，再利用闲暇时间不断背诵、回忆或默写。

新闻记者在新闻采访中，为了抓住信息，往往是动脑动手，听、说、写并用，采用多通道记忆方法。在日常生活中，要记住一段比较长的话语，最好是边听边记，有人说"好记性不如烂笔头"，其强调的就是"眼过千遍，不如手过一遍"，也是说明动笔对于记忆的重要性。

因此，在掌握各种语言文字或是接收处理语言信息之时，应运用多通道记忆法，其正确的做法是，边听边积极思维，以听懂为第一，总结出所接收的语言信息的内容要点，并在其语言停顿的空隙，扼要地记上几个字或几句话。

第四章　锻造优秀的道德品质

　　我们每个人都需要踏踏实实地做人，堂堂正正地做人，自强自信地做人，包容谦逊地做人……这些良好的品质习惯能帮助我们构建幸福人生。请牢记：只有拥有健康的人格品质，才能拥有健康的人生！

把宽容当成一种习惯

海纳百川，靠的是宽容的心。大自然包容万物，靠的是它宽广的胸怀。做人也一样，要懂得宽容。在生活中能以律人之心律己，以恕己之心恕人，不去苛求任何人，就是一种宽容。也只有有智慧的人，才会在心中留出一片天地给别人。

宽容是一种美德，那么，青少年怎样才能做到宽容待人呢？

容忍别人的缺点

青少年朋友们应该明白，人人都有缺点和不足，只要不是特别过分，就应该理解和宽容。在学校和同学相处，要学会包容和忍耐别人的缺点。因为自己也可能有别人讨厌的缺点，多一点包容也就是多给自己机会与别人好好地相处。世界上没有相同的两个人，所以要学会容忍别人的缺点。

把复杂事情简单化

如果与一个性格特别执拗的同学在一起，两个人都不懂得宽容的话，那么双方的矛盾就会越来越深。其实，这样的朋友也没有别的毛病，只是性格太执拗，要想包容他，你就必须把复杂的问题想得简单一点，否则的话冲突会越来越激烈。

不要记仇

仇恨可以蒙蔽人的眼睛，仇恨就是人心里长的一个毒瘤。心里有仇恨的人不但不懂得如何去宽容别人，还会为自己埋下隐患，实在是不值得啊！

不因"小"而不为

大凡成功的人，都是从细小的事做起的。困难的事，其实是由很多容易的事组成的。而宽容的人，总是不会计较名誉、地位，愿做小事，不去纠结把有好处的事情让给别人去干。

所以说，认真做好每一件小事，你也就学会了宽容。

学会理解别人

只有理解别人，才能以豁达的胸怀原谅别人。他人无意的过失伤害了自己，不予计较和追究，原谅、宽恕他人的错误和过失，哪怕是他人故意刁难自己，只要没有造成严重伤害，对方又表示了歉意，也应原谅对方。

百忍成金

俗话说"百忍成金"，意思是说，人要学会容忍。同学之间、朋友之间、家人之间，其实都没有什么过不去的坎，忍一忍吧，正所谓

退一步，风平浪静，让人三分，海阔天空。总之，我们要多从别人的角度考虑问题，这样就更能宽容别人。值得注意的是，宽容待人并不是一味地对别人好，从而失去判断是非的基本原则。

例如，同学考试作弊，不检举揭发，认为这是"宽容待人"；同学损坏了班级的公共财物，老师正在调查情况，我们知道真实情况却沉默不语，以为自己是"宽容待人"。这些不是真正的宽容，而是纵容。另外，宽容不仅是宽容别人，还应该学会宽容自己。例如自己做错了事就勇敢承担责任，然后在释怀同时吸取教训，而不要耿耿于怀。总之，青少年朋友们，一定要学会原谅他人，学会善待自己，让宽容成为生活中不可或缺的一种习惯。如果你们能做到这一点，相信在你们的面前一定是温暖的阳光！

正直是做人的本色

有这样一段话：做人的唯一指南就是自己的良心，回首往事，唯一使人感到慰藉的是自己行为的正直与诚实，生活中要是没有这种慰藉是非常不明智的。有这样一个故事：

明山宾曾做过南北朝梁朝的御史中丞。有一年灾年，他因把官仓的粮食拿出来救济百姓触怒了朝廷而被罢官。他平常的日子过得很清苦。一次，他不得不卖牛来维持生活。

明山宾的牛体形强壮，拉到集市不一会就卖了出去。

回家的路上他突然想起一件事，便又急忙跑回了集市。

　　明山宾在人群中找到那个买牛的人。那人正向周围的人夸耀他买的牛如何便宜，看见明山宾追来，以为他要来重新讲价钱，便抢先道："咱们可是讲定了的，一手钱，一手货，这牛现在是我的了。"

　　明山宾喘息了一阵说："你误会了。我忘了告诉你一件事，这牛曾经患漏蹄症，虽然治好了，保不了以后不发病，这事我不能不告诉你。"那人听了这番话，马上变了脸色，要和明山宾重新讲价钱。明山宾没有犹豫，按新讲定的价钱退还给那人很多钱。

　　面对利益，不怦然心动，不为其所惑，虽平庸如行云，纯朴如流水，却让人领略到一种可贵的人生境界。这就是正直。正直是我们人类的一种优秀品德。正直的人最容易得到人们的尊敬。

　　那么，什么是正直呢？所谓正就是正确、公正、刚正，直就是率直、刚直、坦直。正直就是要不畏强势，要能够坚持正义，要勇于承认错误。正直意味着有勇气坚持自己的信念。这一点包括有能力去坚持你认为是正确的东西，在需要的时候义无反顾，并能公开反对你坚信是错误的东西。对于青少年来说，怎样才能成为正直的人呢？我们至少应该做到以下几个方面。

第一，要有诚实善良的心和率真的性格。有一颗诚实善良的心就是要宽厚地对待他人和万物，也就是要有良心。为人率真，光明磊落，不阳奉阴违，处理事情坚持公平正义，不偏听偏信，能够严格要求自己，不谋私、不贪利，不挑起是非。

第二，要是非分明。什么是对，什么是错，什么是荣，什么是辱，坚持什么，反对什么，我们自己的心里要有本账。如果把坏的说成好的、假的说成真的，就谈不上正直了。

第三，勇于实践正直的品德。有位诗人曾说过："正义的路是崎岖的路，它只欢迎勇敢的人。"有位哲人曾说："一个正直的人要经过长久的时间才能看得出来。"因此，如果我们选择了做正直的人，从某种意义上讲就是选择了勇敢和牺牲，选择了无私和忘我。

第四，要刚直不阿。对的要敢坚持，错的要敢反对，敢讲真话，不唯上，不唯书，只唯实，为坚持原则、维护正义，勇于牺牲个人利益，不怕得罪人。例如，有一个学生，他发现班里一个强壮的同学总是欺负一个弱小的同学，于是主动上前帮助弱小的同学，主持公道，这就是正直的体现。对于自己认为正确的事情，不管别的同学怎么看，要敢于坚持。同时要注意，对于同学的缺点和错误，在提出批评时，要讲究一些方式方法。

第五，做一个正直的人，还要听得进别人对

自己的不同看法。《弟子规》有云："闻过怒，闻誉乐，损友来，益友却。"就是说听到别人的批评很生气，听到别人的称赞就很高兴，损友来了，正直的朋友就走了。

善良是温暖的阳光

人世间最宝贵的是什么？就是善良。正如法国大作家雨果所说："善良是历史中稀有的珍珠，善良的人几乎优于伟大的人。"善良是温暖的阳光，多一些善良，你就会感受到更多的美好与幸福。

一场暴风雨过后，成千上万条鱼被卷到一个海滩。一个小男孩每捡到一条鱼便送到大海里。他不厌其烦地捡着。

一位恰好路过的老人对他说："你一天也捡不了几条。这样劳累，又有谁在乎呢？"小男孩一边捡一边说道："这条小鱼在乎。"一时间，老人为之语塞。

善良之心，人皆有之；善良之举，人人可为。是否善良，并不在于钱财多与少，也不在于年龄大与小、体格强与弱，只在于是否有一颗善心。对于青少年来说，善良是我们成长路上最好的朋友，是我们的无价之宝。

有爱心

善良就意味着有爱心，懂得关爱他人。生活中我们要对亲人、朋友、同学多一些关心，对弱者多一些力所能及的帮助，多做一些举手之劳的事情，就能培养爱心。

例如，当看到别人身陷危难之时，要伸出援手，尽自己的力量去帮助他人；在公车上，给行动不便的人让个座；路过球场时，帮球场上的人捡回滚到我们脚边的球；帮助学习差的同学，为他们解答疑问；参加志愿活动，给那些老人、孤儿送去一些温暖；把节省下来的零花钱捐给希望工程……这些都是善良之举。

从根本上来说，做到善良一点也不难，因为善良没有大小之分，没有贵贱之分，有的只是真情。爱心的付出不分场合和时间，只要我们有心，随时随地都可以播撒我们的爱心。

不求回报

有的同学会说："我付出了善良却得不到回报。"但是你知道吗？

善良本身就是上天给你的最高奖赏。

因为一个善良的人在帮助别人的时候，内心总是充满快乐。有时候帮助他人也是在帮助自己，这就是"送人玫瑰，手有余香"的道理。况且，你曾经帮助过的人，有一天也可能帮助你。

这很容易理解，比如你帮助了自己的同学，有一天，当你遇到困难时，他肯定会第一个冲出来帮助你。"爱出者爱返，福往者福来"，人生就是这样，谁也离不开别人的帮助，当你帮助别人搬开绊脚石时，可能正好为自己铺平了道路。对他人多一分理解、宽容、支持和帮助，其实也是善待自己和帮助自己。

懂得感恩

善良就意味着有一颗感恩的心。常怀感恩之心，对世间所有人、所有事物给予自己的帮助表示感激，并铭记在心。

当一个人懂得感恩的时候，便会将感恩化作一种充满爱意的行动，实践于生活之中。一颗感恩的心，就是一颗和平的种子，因为感恩不是简单的报恩，而是一种追求阳光人生的精神境界！感恩是一种处世哲学，是一种生活智慧，感恩更是学会做人、学会做事和成就阳光人生的支点。

因此，请感谢我们的老师，感谢我们的父母，感谢我们的朋友，感谢陌生人，感谢对手，感谢挫折，感谢苦难……

懂得感恩的人，是勤奋而有良知的人；懂得感恩的人，是聪明而有作为的人。做一个善良的人，让自己永存爱心，因为一个心存善良的人一定会得到回报的。

谦逊是可贵的品质

我们都有这样的体验：如果有两个人站在你面前，一个很谦逊有礼，另一个摆出一副傲慢的样子，你喜欢哪一个呢？当然是那个谦逊的人。对一个人来说，谦逊是非常重要的。只有谦逊，才能保持不断进取的精神，才能增长更多的知识和能力。因为谦逊的品格能够帮助你看到自己的差距，学到更多的知识，也可以使你能冷静地倾听他人的意见和批评，小心行事。

正如高尔基所说："智慧是宝石，如果用谦逊镶边，就会更灿烂夺目。"作为青少年，一定要明白，谦逊是可贵的品质，在平时的生活与学习中要保持谦逊的态度。那么，我们如何做到谦逊呢？下面这几点能够提供有效帮助。

保持一颗坦荡心

我们首先要保持一颗坦荡的心，既不因自身的长处而骄傲，也不因自身的短处而气馁，既不因别人的优点而嫉妒，也不因别人的不足而嘲笑。有些人自以为能力很强，很了不起，做事比别人强，看不起别人。由于骄傲，他们往往听不进去别人的意见，由于自大，他们做事很专横，总是轻视别人，看不到别人的长处，这样是很不好的，因为世间是没有十全十美的人的。

保持一颗平常心

　　无论是身居高位还是地位卑微，无论是名家硕儒还是初学少年，闻道有先后，术业有专攻，尺有所短，寸有所长，没有任何一个人能在每一个方面都超过别人。

　　记得一位哲学家说过这样一句话："自夸是明智者所避免的，却是愚蠢者所追求的。"真正的明智者之所以不会自吹自擂，是因为他知道宇宙广大、学海无涯、技艺无穷，终其一生也不能洞悉其中的全部奥秘。喜欢自夸的人是最没有本事的人，你要清楚地认识到这一点，即使自己真的在某些方面做得好，也不要自夸，因为比你做得好的人还有很多，你要做个谦虚的人，始终保持平常心。

保持一颗进取心

　　知识的海洋浩瀚无边，即使穷尽毕生精力也只能掬起一朵浪花，因此，我们要不断超越自我，在这个过程中，人生会变得更加充实，自身价值会不断得到提升。

所以，不要因为自己成绩比较好就沾沾自喜、骄傲自满，这样是很不好的，也不要不懂装懂，因碍于脸面而不敢去问别人问题。我们要时刻告诫自己：只有谦虚才能学到更多的知识。

要保持空杯心态

如果你想学到更多学问、提升能力，就要把自己想象成"一个空着的杯子"，而不是骄傲自满、故步自封。你需要用空杯心态去重新整理自己的知识体系，去吸收现在的、别人的、正确的、优秀的东西。如果你不去领悟，不去感受，不去学习，仍然高枕无忧地躺在过去成功的经验之上，这样对自己将来的发展是极为不利的。

因此，你要随时对自己拥有的知识进行重整，让自己的知识总是最新的，永远不要自满，永远在学习，永远在进步，永远保持身心的活力。不过谦逊也要有度。

过度的谦逊不仅是在欺骗自己，也是在欺骗别人，更是对自己能力的诋毁。这样会阻碍自己的发展，还会使人感觉到你虚伪狡诈。只有保持虚怀若谷的态度，才能给人留下良好的印象。

总之，谦逊是一种很好的品质和习惯，用谦逊来打扮灵魂，会使自己在前进的路上走得更顺畅！

孝敬二字永记心间

天地间有一种爱最无私，它博大深沉，却常常让人忽略，这就是来自父母的爱。孝敬父母，尊敬长辈，这是做人的本分，古往今来，代代相传。一个懂得孝敬父母的人，才能称为真正的人。

孝敬父母

亲情是任何人不可缺少的，没有亲情的人生不是完整的人生。在我们的身边有很多让人感动的真情故事。

俗话说："百行之首，以孝为先。"我们虽然不必学习"香九龄，能温席"，但是我们至少应该懂得"鸦有反哺之义，羊知跪乳之恩"的道理。

不要总说等着我们"怎样"的时候再孝敬父母，说不定到那个时候，父母已经不在了。所以，孝敬父母，应从现在开始，从小事做起。一顿简单的晚餐，一杯茶饮，轻轻地捶捶背，一份小小的礼物，一句贴心的话，一些简单的家务，学习上的一个小小的进步……不分大小，不分贵贱，在"孝"的天平上，它们是等值的。孝敬父母就是这样简单。亲情不是用金钱来衡量的，而是要用我们的一举一动来演绎。青少年朋友们，爱父母就从现在开始行动起来吧！

理解父母

孝敬父母就要理解父母。很多青少年总在抱怨父母不理解自己，可我们是否理解过父母呢？父母生育了我们，教养了我们。他们给了我们母爱与父爱。父母都对我们寄予了很大期

望，并且为我们的顺利成长尽很大努力，付出了很大代价。只不过，由于父母的性格不同、能力不同、环境不同，给我们的爱也会有不同。不管怎么样，父母给我们的爱都是不容怀疑的。不要嫌弃他们唠叨，不要抱怨他们总管着我们，那都是因为爱我们。所以，我们应该理解父母的心。

理解父母对我们的爱，理解父母对我们的付出，理解父母的情感。有些时候父母可能会对我们发脾气，会误解我们，让我们很难理解，甚至很委屈。但我们也应该知道，父母也有自己的喜、怒、哀、乐。我们应该理解父母的心情。

受点委屈也没有什么大不了的，在亲情里没有绝对的公正和怨恨，有时候我们自己不是也不能特别公正地对待别人吗？所以，自己的父母没有那么尽善尽美也是可以理解的。

那么，当我们受到委屈的时候，不要总想着逃离。当父母教导我们的时候，认真地听一听，学会顺从，毕竟他们的一些话也是有道理的。另外，我们还要学会站在父母的角度考虑问题，站在父母的角度看待自己的成长，这样就会生出许多理解与宽容来。

青少年朋友们，让我们将"孝敬"二字永记心间，从现在开始，孝敬父母，理解父母！

第五章　修炼无敌的自控技巧

对于青少年来说，自我管理能力有着十分重要的意义和作用。我们要想成为能够主宰自己命运的强者，让自己脱颖而出，就必须学会管理自己的言行，掌控自己的情绪，使自己成为自己的真正主人。

懂得反躬自省

几乎所有的人都有一个坏习惯，那就是不懂得反省自己。在学习和生活中，我们往往只会去评价他人，对自己却很少自我反省。我们往往只会看别人的错误，却不会检讨自己。出了什么事，我们只会抱怨和责怪别人，却不知道从自己的身上找原因。

这是人性的弱点。指责别人似乎已成为许多人的习惯，但这些人却看不到自己身上的缺点。人人都犯过错误，但很少有人能反省自己，改正错误。

大多数人就是因为缺少自我反省的习惯，所以不知道自己有什么缺点，才会长时间没有进步。一个不知道自我反省的人，就无法思考自己的未来，于是就过一天算一天，毫无成就。

所以，青少年要学会用自省的态度观察自己，及时发现并改正平时难以察觉的缺点和不足，才能够不断进步，日臻完善。正如一位诗人所说的："反省是一面镜子，它能将我们的错误清清楚楚地照出来，使我们有改正的机会。"

反省也是一种学习能力，反省的过程就是学习的过程。如果我们能够不断反省自己所处的境况，并努力地寻找解决问题的方法，从中悟到失败的教训和不完美的根源，并能全力以赴去改变，我们就可以在反省中清醒，在反省中明辨，在反省中变得睿智，直至获得成功。

反省还是成功的加速器。经常反省自己，可以去除心中的杂念，可以理性地认识自己，对事物有清晰的判断，也可以提醒自己改正过失。只有全面地反省，才能真正认识自己。只有真正认识自己并付出了相应的行动，才能不断地完善自己。因此，每日反省自己是不可或缺的。一个学会了反省的人，在这世界上就没有任何艰难险阻可以妨碍他走上成功的道路。然而，有许多人不明白，究竟要反省什么呢？自我反省主要反省三个内容：第一，我做对了什么？第二，我做错了什么？第三，还有什么方法比这更好吗？

你做对了什么就是你成功的关键，所以你必须坚持你做对的；你做错了什么就是你失败的原因，所以你必须及时改正；如果你要做到比竞争对手还要好，你一定要寻找到最好的方法做同一件事情。

要做到反省自己，还需要找一个参照物。这个参照物可以是自己身边的长辈，也可以是自己为自己提出的要求和标准。你可以与自己对话，比如"我是不是很积极？""我应该怎样做才能够让家人幸福开心？""我的学习方法是否科学？""我是否有爱心？"等，自己能够为自己找问题了，就是迈出了卓越的一步。青少年朋友们，让我们学会自我反省吧！学会了反省就等于掌握了自我完善和健康成长的秘诀。养成定期反省的习惯，才会不断地自我促进。

美德少年

不做生活寄生虫

我们每一个人都是独立的个体，我们可以依赖父母一时一事，但不能依赖他们一生一世。因为他们总有离开我们的时候。因此，青少年要学会自立自主。如果我们的依赖性太强，又如何能在充满激烈竞争的社会中生存、发展，有所作为呢？

在报纸上曾看过两则这样的报道：一个男孩考上南方一所名牌大学，在收到录取通知书后突然说要退学复读。而退学的原因却是她发现妈妈不在身边照顾，自己连袜子都洗不好，更不会照顾自己，他害怕了，想再考本地的大学。

无独有偶，一个20岁的大学生在与父亲走散后竟然连回家的路都不认识。堂堂的大学生，竟然连日常生活都不能自理，这是不是天方夜谭？

很遗憾，这就是发生在你我身边的不折不扣的事实。培养自立自主的习惯不是一蹴而就的事情，它需要我们思想上要坚定，行动上要从小事做起。

要相信自己

我们要相信自己是能够独立的，同时又要在生活中发现自己的能力。我们可以先确定一些小的、容易实现的目标，让自己在成功的体验中感受到独立的快乐，进而增强独立的信心。

要有自己的主见

有主见就是不人云亦云，不被别人的意见所左右。但是对于青少年来说，真正能做到事事都有自己的主见，并不是一件很容易的事。不过，我们还是要努力做到自己支配自己。生活中，如果我们并没有做错什么的话，那么就坚持自己的想法继续走下去，不要理会别人的讥讽与指责。

对于一些事情，如果你知道的确不应该做，那么任凭别人如何怂恿、引诱，也不违心从之，这就是主见的作用。只有做个有主见的人，你才会拥有一个无怨无悔的人生。不要因为别人的议论而轻易怀疑自己、否定自己，别人的意见只能作为参考，若人人的话都听，你将无所适从。当然，有主见并不是一意孤行。你也要善于听取他人的意见，例如当自己的想法与他人不同时，不要急于否定自己的想法，而是要向对方请教他们为什么那样想，仔细听听他们的道理，独立表达自己的见解，从而建立独立思考的习惯。

要自己做出选择

父母总是担心我们不能做出最好的选择，于是总为我们铺好前行的道路，然而这样的道路往往并不是我们自己所喜欢的。为此，我们要做的是向父母要回选择权，对自己做的事情，要自己负责任，自己做出选择，向他们证明，我们能做得很好。

平时多向独立性强的人学习，不要什么事情都指望别人，遇到问题要做出自己的选择和判断，加强自主性和创造性。

要自己的事自己做

学会自立就要摆脱依赖心理，自己的事情自己做。

现阶段，青少年学习任务繁重，又面临着未来激烈的竞争，但这不该成为"饭来张口，衣来伸手"的理由，比如自己整理房间之类的事情根本就不会影响学习。为了自己今后的幸福，必须现在就学会生活的技能。所以，从现在开始，动手做我们力所能及的事情吧，比如，洗衣服、做饭、整理自己的房间等，你会在这些小事中找到独立的勇气、自信和乐趣。

在做这些事情的时候，我们要自觉、独立地去做，即便是父母想帮你，也应尽量谢绝。还要及时地去做，鞋袜脏了，应及时刷洗，书桌乱了，要随手收拾，养成这种自我服务的生活习惯。最重要的一点是认真去做，并努力做好。对自己没做过的事也要锻炼着做，这样才能增强自己的自立能力。

自己为自己护航

俗话说："月有阴晴圆缺，人有旦夕祸福。"人生中总会有不可抗拒的天灾和不期而遇的人祸，天灾不可抗拒，但人祸可以避免。

2008年，在汶川大地震中，有多少人在一瞬间就失去了生命，我们为此惋惜、悲痛。但大家知道吗？在那一瞬间，还是有人创造了奇迹。

　　有一个中学，全校2200多名学生，上百名老师，在1分36秒内全部有序撤出，无一伤亡。这个奇迹得益于平时全校每学期一次的紧急疏散演习，每周二都进行的安全教育，这些让学生养成了良好的安全习惯。

　　可见，一个好的安全习惯可以规避一场危险，保护自己的生命。青少年朋友们，我们一定要让安全意识永扎心底，为自己的成长护航，为自己的生命构筑牢固的安全防线。对于青少年来说，在日常的学习和生活中，我们应该做到以下几点。

树立安全意识

　　父母每天都会告诉我们要注意安全，在学校，老师也总是耳提面命。我们有些青少年总觉得没事，危险离自己很远，那些事不会发生

在自己的身上。我们往往只顾自己的方便，只顾自己的利益，对安全疏忽大意。

可是，我们想过如此做的后果会是怎样的吗？难道一定要在出现危险的时候再去后悔吗？可那个时候就已经来不及了。

现在我们很多学校都设置了安全教育课程，进行疏散演练，但我们很多人对此并不"感冒"，甚至觉得多此一举，或者抱着玩的心态。这是不可取的，没有危险固然可喜，倘若一旦有了危险，那时候如果我们能用自己学到的安全知识来摆脱危险，那会是一件多么令人欣慰和骄傲的事情啊！

生命与安全息息相关，一个生命的丢失或残缺会给家庭、给亲友等带来莫大的伤痛。难道你想这样吗？如果不想，那就让安全意识时刻驻守在自己的心中吧！

学习安全知识

青少年朋友们，你们知道发生地震时如何避险吗？当暴雨持续时，你们知道需要哪些预防措施吗？发生火灾时，你们知道怎样自救吗？发生拥挤、跌倒等意外情况的时候，你们知道如何防止踩踏吗？万一遭人绑架、抢劫或拐卖的时候，你们又会怎么办呢？遇到意外伤害，你们知道如何自救吗……如果你们知道，那你们一定是懂得珍爱自己的生命，懂得关爱生命的阳光少年。对于青少年来说，应该学习的基本安全知识有以下几个。

第一，交通安全。马路上车多人多，稍不注意，随意在道路上穿行、猛跑，就非常容易导致交通伤害事故的发生。因此，我们要遵守交通规则，不闯红灯，不横穿马路，走人行横道，不要图省事，因为驾驶员反应再快，也会措手不及。

所以在道路上行走时，一定要注意，不要与同学们打闹、嬉戏或者做其他活动。

第二，生活安全。在生活和学习中一些小事往往也会给我们带来伤害，必须加以注意。比如，通过过道和楼梯间时，不要拥挤、打闹，防止拥挤踩踏事故发生。不要玩耍小刀等会伤及自己和他人的利物，以免伤害到他人。

课间运动不要太剧烈，不要追逐打闹，避免撞伤或摔伤。在没有保护措施的情况下不要在秋千、双杠、滑梯等设施上做危险动作，避免摔伤。

进行体育锻炼时，要注意运动场地、器械的安全和正确的着装，以防意外事故发生。

住楼房，特别是住在楼房高层的，不要将身体探出阳台或者窗外，谨防发生危险。外出时要征得家长或监护人的同意，并向家长或监护人告知去向。还要注意食品安全，不要吃变质食物，警惕误食有毒有害食物引起中毒。

学习应急措施

我们要懂得一些应急措施，了解一些基本的法律知识，并通过报纸、电视等媒体，广泛了解一些犯罪分子的行骗和犯罪方式，学习一些防骗防抢的方法。

多背一些亲朋好友的地址和电话，还要创造机会和邻居熟悉起来，如果遇到情况，要能迅速提高警惕，保护自己，找到更多的可以求助的人。要记住各种急救电话号码。

煤气泄漏时要先切断气源，开窗通风，千万不能马上开灯、关电子打火开关，否则会引起爆炸。

万一被人强行拐带走，要懂得找机会逃脱或找当地公安机关、政府部门等的工作人员。

懂得一些基本医学知识，学会一些急救技能。如急救止血、人工呼吸等方法。这样一来，以后不管是自己还是看到其他人遇到意外伤害时，都不会感到手足无措了。懂得了急救技能就能开展及时的自救和互救，并且可以把学到的知识教给家人和周围的人，让大家一起来学会保护自己和他人。

在这个世界上，我们每个生命都是唯一的。只有注意安全，才能使宝贵的生命不受伤害，使生活充满欢乐，更加美好。切记，养成安全习惯，才能让安全与自己一路同行！

管理你的不良情绪

青少年朋友，如果别人对你说了一些刺伤你的话，批评你、羞辱你，你会怎样呢？是火冒三丈，气呼呼地骂回去，还是忍气吞声地强压下来？你是否会愈想愈气，一天的情绪都大受影响呢？

现代医学认为，人在发怒时，体内的肾上腺素含量显著增高，交感活动性物质增加，诱发肾素，即血管紧张素增加，促使小动脉收缩痉挛，致使血压升高。

同时，发怒时会使人体内甲肾上腺含量增高，会导致心跳加快，耗氧量增加，冠状动脉痉挛，心肌缺血，心绞痛，心律失常等。愤怒还可以使人的食欲降低，消化不良，出现消化系统功能紊乱。

发怒既然对身心有害，那么是不是一定要把怒火压在心底呢？当然不是。发怒固然有损健康，但怒而不泄同样对健康无益。英国一位权威心理学家认为，积贮在心中的怒气就像一种势能，若不及时加以释放，就会像定时炸弹一样爆发，可能会酿成大难。

正确的态度是疏泄怒气，适度释放，可将心中的不满坦率地讲出来，找知己好友无所顾忌地倾诉；写信、写日记，使怒气在字里行间得到排解。

学会排解愤怒，也是道德修养的表现。养身贵在戒怒，戒怒就是养怡身心，尽量做到不生气、少生气，思想开朗，心胸开阔，宽宏大量，宽厚待人，谦虚处世。这样不仅有益于身心健康，也利于提高我们青少年的道德修养和思想水平，于人于己都会有益而无害。

容易动怒的人们，光知道如何排解怒气还是不行的，最主要的是如何让自己制怒，学会让自己尽量不发脾气，不轻易动怒，才是上策。这就要有一颗包容的心，事事宽解为怀。

宽容是一种修养，也是一种风度。以海纳百川的胸怀宽以待人，才能让自己心态平和，心胸开阔，心里永远充满阳光。

青少年朋友，现在知道如何对待自己易怒的情绪了吧！遇事冷静是根本。遇到不随意的事，尽量通过别的途径去解决，动怒不光于事无补，反而对己有害，何苦呢？

还是让我们以平和的心境来对待生活中繁杂的事情吧！小心别伤

害了自己，只有健康才是生活的本钱。有了无法避免的怒气，学着适度地释放它，不要自我封闭。

为了缓和突然而至的紧张气氛，我们青少年可以采取以下措施。

首先，遇事多想一下。有的人脾气来得快，去得也快，到头来发现火发的毫无意义，只是一时冲动。因此遇到什么事情先过一下脑子，不要下意识地做决定，给自己几秒钟的思考时间，很多时候，你会发现，当初的想法是多么的幼稚和可怕。

其次，目光放远一点。气量小的人说明他的眼界也小，只能看得到眼前的一点得失，没有更大的事让他上心。所以要想控制怒气，最好把目光放远，目光长远的人往往能够低调隐忍，懂得吃亏是福，考虑的是未来的发展。

再次，不要嫉妒。有相当一部分的怒气来源于嫉妒，做好自己，少打听别人的事，少攀比，会少生很多没有意义的气。

最后是提升素质。俗话说，越没本事的人脾气越大，越是有本事的人越没脾气。内心强大的人遇到不平的事情有比发怒更好的解决方式，因此他们很少生气。

所以，要多方面提升自己素质，让自己强大起来。

第六章　练就一流的交际能力

大多数人在与人交往时，都容易忽略别人的感受，他们做自己喜欢的事，说说自己想说的话，却不管别人的感受如何。这种做法常常是得罪了人还不自知。其实，我们只要能准确地摸准对方的"脉"，见机行事、对症下药，便能在社交场合如鱼得水。

教你告别社交恐惧症

在我们周围，有的青少年朋友讨厌面对人群或是害怕面对人群，他们不只是觉得害羞、不好意思，而是对自己以外的世界有着强烈的不安感和排斥感。这种因对社交生活和群体的不适应而产生的焦虑和社交障碍称作社交恐惧症。

社交恐惧症是一种精神上的疾病，但是同因自己个性上的内向、害羞而苦恼和真正患了社交恐惧症是不一样的，患社交恐惧症的人通常对群体的看法都是很负面的，除了几个亲近的人之外，他们很难和外界沟通，这些人无法主动走出自我的世界，也不愿意加入人群。

这些人在人多的地方会觉得不舒服，担心别人注意他们，担心被批评，担心自己格格不入。

有轻微恐惧症的人可以正常地生活，严重的话会造成生活上的障碍，导致无法正常求学。

社交恐惧症已经是在忧郁症和酗酒之后排名第三的心理疾病，而且因为现在青少年面临的学习压力越来越大，所以罹患的人数有越来越多的趋势。那么，青少年朋友，我们该如何才能知道自己是否患了社交恐惧症呢？这里给你指出以下三点来做自我检测：

（1）你会因为害怕而在别人面前害羞或不好意思，进而不和他人说话或不愿意做某些事情吗？

（2）你不愿意成为别人注意的焦点吗？

（3）你害怕别人觉得你愚笨或担心看起来很害羞吗？

如果以上三点中你有其中两点情形的话，就有可能是患了社交恐惧症；如果这些情形已经让你想躲在家里，不愿意和任何陌生人接触，你可能就需要接受咨询或治疗了。当然，如果你真的患有社交恐惧症，你也不要认为这是一种危险的"疑难杂症"，只要你掌握了正确的改变方法，也能成为能言会道的阳光青少年！我们一起来看下面的这个故事。

某中学初二一班的唐斌是个性格有些内向、自卑的男孩。平时，他最害怕当众讲话，怕讲不好而丢人、出丑。不管是跟老师、同学交流，还是在课堂上回答问题，都会感到莫名其妙地紧张，脑海里时常一片空白，说起话来语无伦次。

慢慢地，唐斌患上了社交恐惧症，害怕与人交流的烦恼就像阴雨黑云一样时刻笼罩在他的心头挥之不去。这不仅让他的心情十分糟糕，还严重影响了他学习的积极性，期末考试时他有多门功课都挂了红灯。

唐斌常常在心底骂自己不争气，也想努力改变自己，可是无论怎样努力，情况依然得不到改善。他无计可施，只好在语文老师上完一堂"交际与口才"的课后，向老师求助。

他把自己遇到的烦恼一五一十地告诉了老师，问道："老师，我遇到的这些问题是不是一种心理障碍呀，有没有什么好办法可以改变？我太痛苦了，您一定要帮帮我！"

语文老师沉吟了一下，告诉他说："老师很理解你现在的心情。的确，和他人讲话心生胆怯、语无伦次是十分难堪的事情，这确实是一种交际的心理障碍，不过，这并不是无法克服的难题，你这种情况是可以通过心理素质训练得到改善的。"

接着，老师告诉唐斌，对陌生人讲话或当众发言时，可以先做几次深呼吸，使呼吸与心跳趋向正常。或者在登台之前，先对着镜子修饰一下自己的外表，接着自信地凝视自己的形象大声说几遍："我今天一定能成功！"然后精神焕发地准备登台。上台后也不要急于开口，扫视全场，待静场后再开始讲话。

听了老师的话，唐斌每天都按照老师说的方法进行练习，几个月后，唐斌果然变得在学校敢说、敢唱，人也变得开朗了，在期末的考试中，各科成绩都获得了不错的分数。

如此说来，如果我们不幸患上社交恐惧症，只要我们运用正确的纠正方法，也是能很快走出这种交际困境的。这里，再告诉你一些告别社交恐惧症的妙招。

第一招：呼吸规律。

事实证明，当我们情绪紧张或者过于羞怯的时候，呼吸会变得很急促，非常不规律。因此，在社交中，当我们紧张的时候，要强迫自己做数次深长而有节奏的呼吸，这样，可以使自己紧张的心情得以缓解，为建立自信心打下基础。

第二招：做些运动。

我们可以做些克服羞怯的运动。首先，将两脚平衡站立，然后轻轻地把脚跟提起，坚持几秒钟后放下，每次反复做30下，每天这样做两三次，可以消除自己心神不定的感觉。

第三招：握着东西。

具有社交恐惧症心理的人，常常会出现紧张的情绪，为了摆脱这种状态，我们与别人在一起时，不论是正式还是非正式的场合，开始时不妨手里握住一样东西。对于害羞的人来说，手里拿着东西会让我们感到舒服和有一种安全感。

第四招：假设思维。

具有社交恐惧症心理的人，可以每天选择一些时间，让自己在一个假想的空间里，不断地模拟发生社交恐惧症的场景，不断练习重复发生症状的情节，然后自己再不断地鼓励自己面对这种场面，让自己从假想中适应这种产生焦虑紧张的心理。

第五招：不要畏惧。

为了克服自己的社交恐惧，我们必须学会毫无畏惧地看着别人，并且很专心。当然，对于一位害羞的人，开始这样做比较困难，但你非学不可。因为如果我们老是回避别人的视线，人家会觉得我们不尊重他，给别人造成不好的印象。

此外，我们还可以多看看书，读一点课外书籍、报刊，广泛地吸收各方面的知识，只有我们拥有了很多知识以后，在面对各种场合时，我们才能毫无困难地说出自己的观点。

青少年朋友，我们应该知道畏惧、怯场是当众讲话者的普遍心理。古今中外著名的政治活动家、演说家、论辩家，初登讲台时并不是都能一举成功的，甚至还有人出现过当众出丑、尴尬难堪的场面。这些紧张和恐惧其实是与自我评价有关的情绪反应，是自我意识所造成的。

在我们周围，有许多中学生都不同程度地存在这样问题，当众讲话的第一步之所以难迈，主要是考虑自我过多，怕丢人，怕当众出丑。

其实，我们不必过于看重结果，只要我们不过分担忧，不太在乎别人的看法，多给自己鼓励与良好的心理暗示，我们就能增强自信心，消除畏惧、怯场的心理障碍，成为一个勇敢、快乐的阳光青少年。

赢得好人缘有妙方

有人说，好人缘是一支彩笔，可以绘制生活中的美丽；有人说，好人缘是一把天梭，可以编织人生中的幸福；有人说，好人缘是一道七彩虹，可以实现我们美好的希望。那么，你希望自己拥有好人缘吗？你觉得我们应该怎么做才能拥有好人缘呢？

从某种意义上说，人与人之间的相处，首先是从交谈开始的。一个人的才干要被人认识，要被人了解，就必须与人交谈，有时甚至还必须"毛遂自荐"，向对方显示自己的才干。如果不借助口才，就很难想象一个人能够获得好人缘。

在当今商业社会的时代，人们互相之间的交往日益频繁。因此，口才也越来越显得重要。我们常常看见，许多口才出众的企业家手下，往往云集着一大批能说会道的干将；相好的朋友在一起，为某个问题而展开讨论，口才好的人，往往就容易成为"领袖"，受到众人的推崇，因此，他的朋友就自然要比别人多得多。

但是，交友说话的能力不是一天两天就能练成的，不过，如果我们能掌握一些说话技巧的话，也许我们成功的概率就会更大。事实证明，才疏学浅的人，是不可能会得到众人赏识的，品行不端更不会得到众人的拥戴。一个口碑不佳、形象不好的人，必会招致人们的厌恶。而品学兼优、素养高雅、谈吐风趣的人，则一定是受人拥戴的。

好人缘可以说成是人生考试的结果。没有一种成功会是偶然的，任何人都不可能会随随便便成功。当我们遭遇了一些失败，尝到了一些苦涩之后，便会有一条成功的秘诀向我们招手，那便是要拥有好人

缘。看那些成功人士，好人缘则是他们成功最大的秘密，人生最大的收获。

好人缘既然如此重要，那么，我们该如何做呢？须知，人生没有凭空而来的好人缘。想要赢得好人缘，靠的是智慧、修炼和洞悉其中的奥妙。获得好人缘，有三大诀窍：享有好口碑，塑造好形象，拥有好口才。

第一，享有好口碑。口碑是别人对我们人品的评价。人缘若是火，口碑便是风。"火"借"风"势自然就会更旺，而口碑不佳者则众叛亲离。想建立好的口碑绝非一日之功，也非一蹴而就。

这就需要我们谦虚处世、诚恳待人；需要我们洁身自爱，珍惜名誉；需要我们自我约束、宽以待人；需要我们抑恶扬善、乐于助人。只要我们能够正直地为人、光明地做人，自尊自重，始终如一，就能赢得众人的正面评价，就可为自己赢得千金难买的好人缘。

第二，塑造好形象。形象是修养的外在体现。人缘若是马，形象便是鞍，宝马佩金鞍，人皆夸赞。而形象不雅则魅力大减，好人缘自然难求。

塑造好形象，需要我们注重的就是气质修养，需要我们保持仪表整洁，需要我们待人得体有礼，需要我们精神饱满、充满热情。一个充满魅力的

人也许并不俊朗但是肯定真诚；也许并不高贵但肯定高雅：一个形象出众的人，必然是一个人人倾慕、人缘广结的人。

第三，拥有好口才。口才是交往的工具，是才智的发挥。人缘若是花，口才便是叶。红花绿叶，相得益彰。语言木讷者不利于和他人沟通，要想赢得好人缘自然十分困难。好口才不仅是伶牙俐齿，更是打动人心；不仅是能言善辩，更是慧语良言；不仅是口若悬河，更是声情并茂；不仅是唇枪舌剑，更是风趣幽默。

即使我们才华横溢也必须在交流中让人感知；即使我们聪慧过人，也要在谈吐中让人了解。好口才是人生的必需，是事业的保证，也是广结好人缘的最有效的桥梁与纽带。可以说，好口才对我们每个人都是很重要的，可以使我们凸显才能，张扬个性。

有人说，口才好与否，主要在于一个人的思维是否清晰。思维清晰，条理清楚，自然可以把话说得明白，让人信服。现实生活中有很多人思维敏捷，但是他们的口才却很糟糕，有的人甚至不能把自己的想法表达出来。有人说这样的情况，主要原因是缺乏自信。

诚然，自信与否对于口才如何是一个很重要的因素，但是在我们说话的时候，是有一些技巧性的东西存在的。这里说的不是辩论会上的技巧，它们是我们生活、工作中经常用的，如果细心的话，就不难发现在我们身边一些口才很好的人都有这样的共同点。

第一，咬字清楚。这是最基本的，却是最容易被我们忽视掉的。中文本身就是一种词汇丰富、词义多样的语言。一字之差，谬之千里。在很多时候，可能不会有这么严重，但是如果我们没有说清楚，别人也许很有可能会问"什么"，这样经常会打断我们的思路，或者造成我们的紧张。

　　第二，音量适中。声音太大是很不礼貌的表现，特别是在公共场合。但是，我们说的话还必须要让别人听清楚。交谈中最忌讳的事情，就是越说声音越小，这不仅会影响我们的表达效果，还会让人觉得我们心虚、缺少自信。

　　第三，注意语速、停顿与重音。语速要适当，微慢的语速可以给我们更多思考和组织语言的时间，往往表达效果更好。如果需要语速快的时候，切记咬字清楚是基础。而我们讲话的时候，注意语速也就会注意到停顿的问题，停顿有长有短，适当停顿可以突出重点。重音也是非常重要的，有人讲话音调总是平的，让听者根本就没有兴趣也抓不到重点。重音不仅是一种点缀，而且可以表现出一个人说话时的气势。其实，说来很复杂，做起来却并不难，我们只要在讲话的时候时常提醒自己慢一点就可以了，逐渐地就可以体会到它们给自己带来的种种好处了。

第四，语言简练。现在生活的节奏越来越快了，工作效率也越来越高了，谁也不愿意花那么长的时间来听长篇大论。简练的语言重点在于明确，更能表现出一个人的干练精明。尽量把习惯的口头语去掉，比如"然后""那个""因为"等，这是最行之有效的方法。

第五，叙述完整。用简练的语言表达完整意思，这是一个境界，其实是不难达到的。要抓住我们从小就学的叙事三要素，时间、地点、人物；还要抓住我们的五官，听到的、看到的、闻到的、摸到的、尝到的。论述一个问题时用首先、其次，第一、第二等。这样一来，哪怕有时候条理不很清楚，先后顺序有些颠倒，也很容易让听者明白自己的意思。

第六，气势。一个人讲话要有气势，特别是在工作当中。这种气势不是盛气凌人，不是骄傲自大，它是平和、沉稳与自信的一种气度。

第七，认真倾听别人的谈话。不管是老师、长辈还是同学、朋友，最重要的，一定要把别人的问题听清楚，有针对性地与人交谈。

口才是艺术，语言要精练。不急不躁，增加修养，相信自己的能力、魅力，真诚自信是最重要的。

青少年朋友，我们应该深信，有了好口碑，就可以闻天下；有了好形象，就可以酷天下；有了好口才，就可以行天下；有了好人缘，就可以创造出属于自己亮丽的人生，我们也就能够成为真正的阳光青少年了！

不可忽视的见面礼节

亲爱的青少年朋友，我们与自己不相识的人第一次见面，你懂得应该注意哪些礼节吗？下面我们就来一起学习吧！

介绍

在公共场合结识朋友，可由第三者介绍，也可自我介绍。为他人介绍时，要先了解双方是否有结识的意愿，不要贸然行事。自我介绍时，要讲清姓名、身份，对方则会随后自我介绍。介绍具体人时，要有礼貌地以手示意，而不要用手指点。

介绍他人时，应有先后之别，把职位低、年轻的介绍给职位高、年长的，把男士介绍给女士等。介绍时，我们一般应起立，但在宴会桌上、会谈桌上不必起立，被介绍者只要微笑点头有所表示即可。

握手

在交际场合中，一般我们在和对方相互介绍和会面时会握手。遇见朋友先打招呼，然后相互握手，寒暄致意。关系亲近的则边握手边问候，或较长时间握手。

在一般情况下，握手要轻些，不必用力。稍紧表示热情，但是不可太用力也不可太轻。正确的做法是不轻不重地用手掌和手指全部握住对方的手，然后微微向下晃动。

年轻人对长者，应稍稍欠身，双手相握，以示尊敬。女生同男生握手时，对方往往只握女生手指。如果是坐着，握手时应该站起来，除非对方也坐着。如果他人伸手同你握手，你不伸手就是不友好。

握手时应该伸出右手，决不能伸出左手。握手时不可以把另一只手放在口袋里。握手时，如果手是湿的或者手上有汗，需要擦干以后再握。握手的时间通常是3到5秒钟。匆匆握一下就松手，是在敷衍；长久地握着不放，又未免让人尴尬。握手顺序，应由主人、年长者、身份高者先伸手，客人、年轻者、身份低者见面先问候，待对方伸手再握。我们在握手前应先脱下手套，握手时双目注视对方，微笑致意，不要左顾右盼。

握手除了是见面的一个礼节外，还是一种祝贺、感谢或相互鼓励的表示。比如对方取得某些成绩与进步时，对方赠送礼品以及发放奖品、奖状、发表祝词讲话后等。

致意

在公共场合远距离遇到相识的人，一般是右手打招呼并点头致意。如戴帽时，应摘帽点头致意，离别时再戴上帽子。

与相识者在同一场合多次见面，只点头致意即可；对一面之交的朋友或不相识者，在社交场所也应点头或微笑致意。

青少年朋友，请不要小看上面我们提到的这些见面礼节，这些见面礼节标志着我们给人留下的初次印象，只有遵守了这些礼节，我们才有可能进一步地和他人交往，他人也会对我们更加尊重和喜爱。

日常说话不能无礼

从我们上幼儿园的第一天开始，老师就会告诉我们，要讲礼貌。

礼貌，是待人接物的起码准则，它反映出一个人有无良好的家庭教育、个性修养和文化素质。如果说纪律是约束，是要大家共同遵守的，那么礼貌则是自觉的、发自内心的真诚和人格的展示。

讲礼貌的人，不论何时都显现出一种美的光彩、仪表和风度，表现出美好的心灵和优秀的道德品质。正如德国剧作家、诗人歌德所说："一个人的礼貌，就是一面照出他肖像的镜子。"

　　文明礼貌的语言是滋润人际关系的雨露，是沟通组织与公众关系的桥梁，是维持交谈者双方良好关系的纽带。没有文明礼貌的语言，很难想象人与人之间能和睦相处，交谈能深入下去。

　　在人际交往中，我们能够正确使用日常生活中的礼貌用语，有利于营造和他人相处的融洽气氛，不仅给予他人尊重，也表明自己的修养。为此，我们青少年在平时可以经常学习和使用一些客套用语。

初次见面说"久仰"；久未联系说"久违"。

等候客人说"恭候"；客人到来说"光临"。

看望别人说"拜访"；欢迎购物说"光顾"。

起身走时说"告辞"；中途先走说"失陪"。

请人勿送说"留步"；陪伴朋友说"奉陪"。

请人批评说"指教"；求人解答说"请问"。

请人指教说"赐教"；请人指正说"雅正"。

赠送作品说"斧正"；对方来信说"惠书"。

向人祝贺说"恭贺"；赞人见解说"高见"。

请人帮助说"劳驾"；托人办事说"拜托"。

麻烦别人说"打扰"；求人方便说"借光"。

物归原主说"奉还"；请人谅解说"包涵"。

　　这些都是最简单的礼貌用语，但在人际交往中却是不可或缺的，它充分体现了一个人的文化素养，不要小看简短的几个字，有时候正是因为我们说话缺少这几个字，而导致自己和他人的谈话失败。

　　星期天，高二二班的周玲玲和同学去动物园玩，她们在一个十字路口迷路了，周玲玲向身边的交通协管员问道："问一下，怎么到马路对面去啊？"协管员头也没回地说："下回说话带上主语，客气点儿！"然后顺手一指，"直走，桥下过马路！"周玲玲和同学非常不好意思地走了。

　　很简单的一个问路，却因为问路人周玲玲不懂得使用基本的礼貌用语而造成了双方的不愉快。其实，周玲玲只需在问路时加上几个简单的词语，比如，"叔叔您好！请问……"敬称"您"再加上"请"，相信协管员在回答问题时会客气得多。

　　从协管员这方面来说，虽然问路人周玲玲说话不礼貌，但也不需要动气，更不需要针锋相对。他可以先使用礼貌用语指路，然后再婉转地提醒周玲玲需要注意的礼节。

　　别小看了"请""您好""谢谢""对不起"这些简单的礼貌用语，如果能恰当使用，既能在主观上感到身心愉快，又能在客观上促进人际关系的和谐发展。

　　俗话说，"言为心声，语为人镜"。如果我们说话有礼貌，则能让帮忙的人帮得高兴，但如果我们说话没礼貌则会破坏别人的好心情。所以说，当我们向人求助时，加上"您""请"，得到帮助后说声"谢谢"，会让我们在与人交流的时候更为顺利。

　　不管我们和什么人交谈，在讲礼貌的同时，还应当不要以别人的短处当话题，即便倾听者不认识你说的那个人，那样会让对方觉得你是一个不厚道的人，会对你敬而远之，甚至不再来往。

　　在日常社交中，一件不起眼的小事、一个容易忽略的小问题，如果处理不好，就有可能"一石激起千层浪"，搞得他人不痛快，也为自己增添不必要的麻烦。而一张和蔼可亲的笑脸，一声情真意切的问候、一项细致周到的服务，宛如清新之风扑面而至，让他人倍感心情畅快，对自己的满意度随之提升，同时，也显露出个人不俗的品位。

我们青少年在跟他人交谈时应注意：谈吐文明礼貌，称呼用词恰当，交谈时语义明确、用语贴切、语气谦和，同时注意用语规范化，针对不同的人使用不同的语气、语速，交谈过程中不妨多说几句"您好""谢谢"，要深信"礼多人不怪""一句好话暖人心"等古训。

老人们总是以"叫人不蚀本，只要舌头打个滚"和"礼多人不怪，无礼路难行"等俗语，教导后人要通情达理。所以日常熟人相见，要视不同对象予以适当的热情招呼。

早晨相见习惯招呼"您早""早晨好"等；中午相见，习惯招呼"中午好""吃中饭啦"等。走在路上或在公共场所，遇见相识的人应该主动打招呼，问候致意。可以说"您早""您好""晚上好"。

当别人向我们打招呼以后，也要应答向他致意，否则会被认为不礼貌。有时也可面带微笑，注视对方并点头致意，这也是一种问候人的好方法。若遇见老人，则招呼"您老身体好啊""您老精神好啊"等。通常在招呼语前加"您老"二字，以示尊敬。遇到比较熟悉的朋友，除了问候致意外，还可以问问对方家人的情况，并请他代为问候。如"伯父伯母近来好吗？他们的身体还健康吧？"若在家门口遇见熟人，习惯招呼"请来家坐坐""进家喝口茶歇歇"等。在平日与人举止言谈时，要讲究慢声细语，温文尔雅。

礼貌是人与人之间进行沟通与交流的基本原则，它不仅能赢得别人的尊重，还能拉近双方的距离，从而使我们与他人交流更顺利。所以，无论在什么时候，我们说话都不得无"礼"，这样我们才会赢得更多人的喜爱，而我们自己离阳光青少年才会越来越近！

应该遵守的社交礼仪

随着社会时代的进步，我们青少年参加社交活动的情况越来越多，也越来越频繁。在面对形形色色的人时，如果我们懂得社交礼仪，时时处处彬彬有礼，会让我们显得更加成熟、阳光，并独具魅力。以下这几种社交礼仪，是我们在日常生活中需要特别注意的，我们一起来了解一下吧！

仪表

仪表是一个人的外部形象，包括面容、体态、服饰、风度和举止等方面。仪表是一个人的广告，它给人的印象既是初步的，又是难忘的。恰当的着装与服饰会给人以良好印象，提高社交的成功率；反之会降低身份，损害个人的形象。

神情

社交场合中，如果我们不考虑他人的喜怒哀乐，随意表露与他人相悖的神情，那就会招人讨厌。耻笑他人的不幸，为一点小事就板面孔，冷眼看人，没有比这些更会使人不愉快的了。要知道，爱人如己，不分贵贱平等相待，才会获得人们的青睐。

姿态

在社交场合中，我们走路时背部要伸直，脚步要轻快，举止稳重，才能显示出自己独特的气质。如果担心自己做得不够好，我们不妨时常问问身边的人："我走路姿态好看吗？"然后按照他人的指点改正自己的缺欠，这样我们才会走出最好的姿态。

作为青少年，坐在椅子上，不要把两条腿大幅度打开，最好使双脚整齐地拢合。我们应该知道，跷二郎腿是很难看的，一只脚搁在另一只腿上抖动，更欠稳重。坐在沙发上，以自然、舒展为好。如果是女孩子，夏天穿短裙，侧坐比正坐优美，但在答话时必须正坐，不可以把两腿向外伸展。

当我们和同伴相遇时，可以举手招呼或微笑示意。与对方握手时，必须注视对方眼睛。

用餐

一般来说，我们在家用餐时可以随意挑选食物，但在宴会上就不能随心所欲了。在宴会上，遇到不喜欢吃的菜，不必勉强吃，也不要三心二意要吃不吃，与其犹豫不决，倒不如干脆说："对不起，我不喜欢吃这道菜。"这也是合乎礼节的。人家

为自己盛饭，要用双手去接。吃饭的速度需要和大家配合，吃快吃慢都不好。

交谈

和人交谈，也有礼节。说他人坏话，夸自己长处，自以为百事通，诸如这些，都违反了交谈礼仪。

在与人交谈时，如果被人感到厌烦，就应该即刻反省自己的缺点，因为长舌妇的坏习惯是大家最讨厌的。不谈他人缺点，只夸他人长处，讲到自己时谦虚一些，这些都是优秀的品格。

在三人以上交谈时，不要只做默默微笑的听众，而要勇于参加议论，才能显示自己的魅力。要知道，一个幽默的青少年，比一个严肃的青少年要可近、可亲。谈吐幽默的人，能给人带来欢快，使人忘却忧愁。对他人身上的缺点不要开玩笑，这很容易伤人家的心。无意中说出了不礼貌的话，必须马上向对方道歉，说句"对不起，请原谅"。

受礼

在社交场合，别人送我们礼物，最好不要马上打开看。如果已经打开，看到自己不喜欢的礼品，千万不能说"我不喜欢"，更不能喋喋不休地唠叨，这会有负送礼人的美意，应说声"谢谢，我要好好珍惜"才对。

当然，如果我们面对的社交人物是自己无话不谈的好朋友，那就可以另当别论，在他们面前尽显我们无拘无束的一面即可。但在正规的社交场合，注意以上这些必要的礼节，则可以让我们不仅得到同龄人的喜爱，更能获得长辈和陌生人的好感，这又何乐而不为呢？